聰明拒絕討厭工作的藝術

山本大平——著

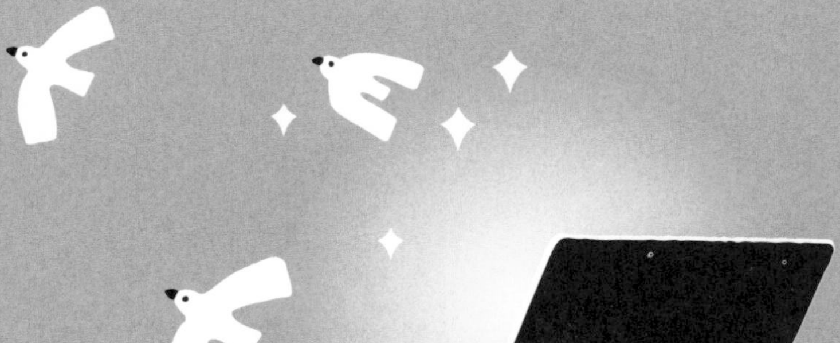

在這個時代，不能只是「當個好人」！
所謂職涯，是從「逃跑」開始的。

其實，如果遇到討厭的工作，拒絕掉就好了。

可是，一旦拒絕……

「一定會被分配到別的工作。」

「我拒絕的話，主管可能會很困擾。」

「不想讓別人覺得我的能力不夠。」

你是否一直在努力配合職場上的角色？
然而，十年後，你還會在現在的公司工作嗎？
沒有人知道到時你在做什麼樣的工作，
而該工作又需要什麼樣的技能與知識。

所以，不喜歡的工作，拒絕掉就好了。
人生只有一次。
試著活出屬於你自己的人生吧！

前言

或許有些唐突，但容我先問個問題。

「你對現在的工作覺得滿意嗎？」

面對此問題，若你能夠由衷地回答「ＹＥＳ、我很滿意」的話，那你真的很幸福。但若你覺得「我對現在的工作不滿意」、「我對未來感到焦慮」、「在工作上的付出沒有得到應有的報酬」、「不知道做這工作的意義在哪裡？」的話，請繼續閱讀下去。

現在讓我再問一個問題。

「『工作』這兩個字會讓你聯想到什麼呢？」

最常見的聯想恐怕就是「為了賺錢而做的事」，這當然也是工作的形式之一。只不過這也暗示了本書將以稍微不同的角度，來帶大家重新思考「工作」一詞的意義。

接著，再問各位一個問題。

「你是為工作而生的嗎？」

我想這問題應該會讓不少人動搖。我也想知道在日本有多少比例的人能毫不猶豫地回答「ＹＥＳ、是的」。

人類的壽命有限，這是不爭的事實。而且一天只有二十四小時，此外，身體能夠健康運作的所謂健康壽命也已經大致決定好了。即使你打算在屆齡退休後，好好享受老後的人生，也必須有健康的身體為前提才行。

有一本書叫《和自己說好，生命裡只留下不後悔的選擇》。該書的作者布朗妮・維爾是一位從事安寧療護工作多年的居家看護。她在部落格中的文章被集結成冊，並翻譯成各國語言的版本，持續為世界各地的人們所閱讀。此書介紹了「人生中最遺憾的五個後悔」：

1. 真希望我曾有勇氣活出真我的人生，而非他人期望我擁有的人生。
2. 真希望我並沒那麼拚命工作。

3. 真希望我有勇氣表達自己的感受。
4. 真希望我有和朋友一直保持聯繫。
5. 真希望我能讓自己更快樂。

我也不希望自己臨死前才後悔，想必這是很多人的心聲。

但現實中充滿了討厭的事情和討厭的工作。以目前的日本來說，若是以「討厭」為由而直接拒絕特定工作，結果往往是難以繼續生存下去。那麼，該怎麼辦好呢？就好好地拒絕即可。

「哪有可能？說『不』的時候簡直就像是在掐死自己一樣啊。」

我彷彿聽到了這樣的聲音。但真是如此嗎？難道不是取決於拒絕的方式嗎？

若是永遠不拒絕，那麼等在你前方的，就是先前所提到的「臨死前的後悔」。
即使如此，各位依舊會只為了錢而繼續做著「討厭的工作」嗎？

我想，你或許已經注意到了，本書並非只介紹「拒絕的方式」，而是統整了各種活出自己人生的技巧。除了告訴各位，該如何擺脫眼前所面臨的職場困境外，這也是一本能讓各位成為自己人生主角的書。
若本書能讓各位獲得有意義的人生時光，身為作者的我便深感萬幸。

那麼，讓我們開始吧。

令人討厭的工作有很多種

＼請查看此頁！／

質
第 26 頁

【對品質的要求很高】
【對自己的能力要求很嚴格】

時間
第 26 頁

【期限短】
【有別的案子還在處理中】

目的
第 74 頁

【目標不明確】
【不知其意義何在】

人
第 74 頁

【對方沒有回答我提出的問題】
【總是強人所難】

目錄

第1章 拒絕討厭工作的好辦法 真我

第2章

討厭的工作可以不要做 理解

第3章

討厭的工作對自己有好處 武器

第4章 有些事情非得「換公司」才看得到異文化

第5章 自立門戶前先出國去看看 彈性

第6章 如何應付討厭的工作 隊友

第1章

拒絕討厭工作的好辦法

真我

其實，乾脆地拒絕掉就好了

本章

適合這樣的人閱讀

↓

回歸自我

✔ 想知道有什麼好辦法，能拒絕掉自己不喜歡的工作

✔ 無論如何就是不喜歡現在的工作

✔ 不知現在的工作到底有何意義

✔ 不太想和主管說話

「前輩，我想問問你的意見。」

怎麼了？有話就說，別客氣。

「其實，我在公司裡總是被分配到令人討厭的工作，搞得我越做越沒勁。」

總是被分配到令人討厭的工作是吧，那真的是很慘。不過，為何你一直被分配到討厭的工作呢？

「不知道耶，可能是主管覺得我看起來很閒吧。但實際上我手上的工作比別人都多，根本沒空再接新的工作啊！」

是喔？所以是你的主管沒有掌握到你的工作狀況。還有其他可能的理由嗎？

「嗯～一時想不到。」

那你覺得，要是你拒絕那個工作會怎樣呢？

「欸？拒絕工作嗎？不行啦，這可能會影響到考績，甚至是薪水耶。我可不想這樣。」

如果不會影響薪水呢？

「我覺得不可能不影響薪水，而且要是拒絕，主管會很困擾吧。老實說，我也不覺得除了我之外還有誰做得了那個工作。」

但你沒時間處理那個工作，不是嗎？

「對啊。主管為何不明白這點呢?」

你要不要問問看你的主管?

「直接問他『你為什麼不懂?』……這樣嗎?」

不不不,那樣問應該會吵起來。你到底有沒有跟主管表達過,你的時間現在已經被其他的工作占滿了?

「嗯,這倒是沒有。因為要是這麼說,不就會讓主管覺得我能力不夠嗎?」

會嗎?

「唉,前輩你該不會是站在我主管那邊吧?真是令人沮喪。」

先別急著沮喪，你有跟那個主管溝通交流過嗎？

「溝通交流？沒有耶，我不太喜歡這種事，也不怎麼想在公司裡談論私事。」

你在公司裡能保持「真我」嗎？

「真我？沒辦法耶。在公司的時候，我就是呈現公司專用模式。」

這樣的話，討厭的工作很可能永遠不會消失喔。

當你被要求去處理討人厭的工作時

討人厭的工作有很多。我也曾拒絕掉許多討厭的工作。

「那個工作做了有什麼意義嗎？」

「我有需要參與嗎？」

「就算現在沒問題，該接著繼續下去嗎？」

因為我無論如何都無法抹除這些疑問。

拿起本書閱讀的你，想必也曾多次想著「我好討厭這工作」、「真不想做」，但多半還是抱持著「討厭也沒用」、「不想做也得做」等想法，而努力撐到了現在。

因為工作就是一種再怎麼討厭也要做，再不想做也得做的事情。你很可能深信為了賺錢，多少需要忍耐一點。

但，討厭就是討厭，這是人類共通的「真心話」。

所以，**不喜歡的工作，拒絕掉就好了**。我是這麼想的。

實際上，開頭處提到的工作，我也拒絕掉了。儘管有獲得解釋，但我還是無法理解該工作的意義，因此最後仍然拒絕了。

只不過，就算要拒絕，也不能用「我討厭那個工作，我不要做」的方式來表達，這樣不夠明智。這種說法肯定會掀起波瀾，然而，其實有能夠好好拒絕但又不掀起波濤的辦法。

能力上辦不到的工作

若你的主管對你說「有個要在八秒內跑完一百公尺的工作，你能接下它嗎？」你會怎麼辦？

做不到對吧？目前，即使是世界記錄也要花九秒以上，這表示根本沒有哪個人類能接下這工作。因此，實際上應該沒有人會交辦這樣的工作。

但在所謂令人討厭的工作中，的確有一些是像「八秒要跑完一百公尺」這種**超出人能力範圍**的任務。若是遇到這種例子，要拒絕就很簡單了。只要表達這不是自己「喜不喜歡」的問題，而是根本「沒能力」做那樣的工作即可。

「其實我之前跑一百公尺都要花十七秒，八秒內要跑完真的是不可能。」

「我前幾天弄傷了阿基里斯腱，沒辦法跑耶。」

不是不想做，而是做不到。

"你要傳達的不是你怎麼想，而是實際狀況如何。別表達情緒，要表達事實。"

● 時間上無法配合的工作

也有一些工作是有能力也辦不到的。

例如像下面這樣的工作。

「你可以從現在起，幫我一直持續盯著窗外看一小時嗎？」

比起一百公尺要在八秒內跑完，這似乎大多數人都辦得到。

但若真的接下這任務就會發現有其困難之處。例如，接著馬上就有個會議要參加、三十分鐘後必須外出一趟、必須趕在一小時內把某個資料整理好交出等等，也就是說，你現在手邊還有其他的工作，無法保證能空出完整的一小時盯著窗外看。

在這種情況下，要拒絕應該也沒那麼難。

「我稍後要外出一趟，時間上很難配合。」

「我有急件要處理，很難整整一小時都一直盯著看。」

換言之，只要傳達這不是「想不想做」的問題，而是因為**「時間上有限制」**而無法辦到即可。

在能力上辦不到，或是在時間上辦不到。

這就是拒絕討厭的工作時的最佳理由。

為了說服對方而改變「立場」

同樣的事情，會因為表達方式不同而得到相異的反應。

「做不到」這幾個字就算寫成文字一模一樣，但說出口時，是面露怒氣地狠狠拒絕，還是語帶遺憾地表示自己心有餘而力不足，兩者給人的印象可是大不相同的。

即使在能力上、在時間上辦不到的事實不變，光是改變與對方的接觸點和介面，便能讓對方被說服而覺得**「那就沒辦法了」**。

那麼，要改變「接觸介面」的哪個部分呢？

可以改變聲音，也可以改變表情，你有各式各樣的選擇，不過我最推薦的，是改變立場。

試著站在主管的立場

所謂的立場，不是指地位，而是指人所採取的想法、態度。

主管希望你能幫他做這個工作，但你不想做這個工作。在這種情況下，主管和你的立場完全相反。利害關係毫無一致性，甚至是彼此敵對、互相衝突。這樣很可能會陷入「你給我做」、「我不想做」的爭執狀態。

所以，你也要站在主管那邊。這只是感受的問題而已。

首先，**要站在「我也希望這個工作交給我來做」的立場。**

「如果做得到當然好。」

「我也很希望我辦得到。」

要像這樣表明自己的想法和主管一樣。然後再讓主管理解，儘管如此，但在能力上、時間上是辦不到的。

此處的重點並不在於告訴主管「辦不到」。

而是要說服主管，**讓他覺得「唉呀，這樣的話的確是辦不到啊」**。因此你可能根本不必自己開口說出「辦不到」。以前面舉的例子來說：

「其實我之前跑都要花十七秒。」

「我腳受傷了。」

「我稍後要外出一趟。」

「我有急件要處理。」

只要說出這些做不到的理由，主管很可能就會自動覺得「唉呀，這樣的話的確是辦不到啊」於是便做出「那就算了，沒關係」的結論。

尤其理由越是具體，效果就越好。

若是要外出，那麼說出去哪裡、做什麼就很重要。若是要處理急件，那麼表達「有多急」也能進一步增添說服力。因為人一旦知道原因，就能夠接受，就會被說服。

”重點在於，要先表達其實我也想做的態度，
然後再說出做不到的理由，
而不是直接點出做不到這一事實。“

必須讓主管被說服而覺得「唉呀，這樣的話的確是辦不到啊」

在能力上辦不到

【曾有過辦不到的經驗】

- 「之前曾試過一次，但沒能做好。」

【給周遭的人帶來麻煩】

- 「過去在該領域由於技能不足，結果只好請〇〇同事幫我完成。」

【要求過高】

- 「（另一個工作）算是勉強完成了，但對現在的我來說實在太困難。」

在時間上辦不到

【有急件要處理】

- 「有客戶來諮詢，我趕著準備資料。」
- 「有別的案子急著要處理，我實在忙不過來。」

【已有別的計劃】

- 「已經約好要去〇〇公司開會，有困難耶。」
- 「□□拜託我處理的事情必須在△△點前完成，有點趕不及。」

其實，你可以拒絕自己不喜歡的工作

話雖如此，有時候還是會覺得難以拒絕。

但基本上，工作這種東西是可以拒絕的。做不到的事情就是做不到，與其勉強接受後「終究還是做不到」，還不如一開始就拒絕，這樣也是比較有責任感的做法。

在私生活中受到邀約時也是如此。

當有人邀請你一起出去玩，在對獲邀這件事本身抱持感謝的同時，應該要自己主動決定到底要去還是不去。即使那天沒什麼別的安排，你還是可以因為不喜歡或沒興趣而拒絕。

在工作上，你其實也同樣享有這種拒絕的自由。

儘管如此，你是否依舊深信「任何工作都不可以拒絕」呢？若你真的這麼想，那可就大錯特錯了。實際上反而是**「任何工作都可以拒絕」**才對。

別覺得我在唬你，你可以拒絕一次試試看。

就算拒絕了也不會怎樣。並不會因為你拒絕了該工作，就導致部門內的業務無法運作，也不會從那一刻起，你在公司內就變得毫無立足之地，更不會因此被降薪。

你只會被周遭的人認為「這個人有時也是會拒絕工作的」。而這樣的認知變化其實能為你帶來好處。

掌握拒絕工作的自由

↓

變成有時也會拒絕工作的人

主管並不瞭解你

對於某件事，比起回答「好喔」、「可以」，回答「不行」、「辦不到」難免令人感覺不太好。對人類而言，說YES終究是比說NO要輕鬆愉快得多。

所以，與其在被要求去處理討人厭的工作時主動拒絕，不如先採取預防措施以免被要求去處理討人厭的工作，這樣的想法就顯得十分合理了。

那麼，怎樣的預防措施能達到這個目的呢？

歸根究柢，主管到底為什麼會把八秒要跑完一百公尺、盯著窗外看一小時這類你討厭的工作交辦給你呢？

或許是對你有所期待、認為你辦得到、覺得你比較好講話，又或者只是剛好你就在他旁邊……有各式各樣的可能性。

而最有可能的理由，肯定是主管對你的認識不夠。

你是怎樣的人？現在手上有哪些工作？你具備什麼能力？有多少時間？就因為並不清楚這些，所以才會把對你來說很離譜、很討厭的工作交給你。

"只有工作做得好的人，
才會有工作太忙碌這種煩惱。"

消除主管對你的認知差距

因此，若是不希望被分配到討厭的工作，以免要拒絕的話，**就必須讓主管瞭解你這個人以及你的實際工作狀況**。

如果你覺得自己「總是被迫要做自己討厭的工作」，那麼，我想原因就在於「真正的你」和「主管眼中的你」之間有所差距。

而要填補該差距，就必須讓真正的你貼近主管眼中的你，或是讓主管眼中的你貼近真正的你。

以我來說，我當然是選擇讓主管眼中的我貼近真正的我。這就像是「不不不，我可不是那樣的人，這才是我喔」，以消除主管對自己的誤解。

但實際上，似乎大部分的人都是選擇讓真正的自己貼近主管眼中的自己。若把這裡的「主管」換成「公司」，想必會更容易理解。也就是絕大多數的員工，都過度努力地讓真正的自己貼近於公司所認為的自己了。

請回想一下應徵工作時面試的狀況。

在面試時，你有說出真心話嗎？你是否隱藏了真正的自己呢？

若當初為了能被順利錄取而偽裝了自己，那麼公司、主管會對你有所誤解也是理所當然的事。

如果要避免被分配到討厭的工作，就必須想辦法消除那些誤解才行。

保持「真我」

為了不讓周圍的人對你有所誤解，做自己是很重要的，亦即要保持真我。

別隱藏自己的本性。不要表現得好像你八秒就能跑完一百公尺。對於主管的話也別總是一口答應，避免表現出什麼工作都會攬下來做的態度。

對於一直以來在職場上都是配合演出的人來說，保持真我可能是個相當不容易的事。但若今後也繼續配合演出，真正的你和公司所認為的你（＝你一直以來所扮演的職場上的你）之間的差距絕對無法被填補起來。結果便會導致討厭的工作如雪片般飛來，你如果無法拒絕，就只能繼續接受自己不喜歡的工作了。

而且**一直偽裝自己是很辛苦的**。請回想看看。你還是嬰兒的時候有在偽裝自己嗎？應該沒有吧（笑）。

所以說，打從一開始就保持真我是最輕鬆的。

而所謂的保持真我，就是行為舉止要和在自己老家時一樣。

但這意思不是指穿著打扮很隨便、隨心所欲地想幹嘛就幹嘛。意思是想做的就做，不想做的時候就不要做，不要隱藏自己就是這樣的人。

要讓別人覺得，你是一個被分配到不喜歡的工作時也有可能會拒絕的人。而為了讓別人這麼想，最有效率的辦法就是實際拒絕掉自己不喜歡的工作。

我一向保持真我。不論是應屆畢業進入的Toyota，後來跳槽到的TBS、埃森哲IT顧問公司，甚至是獨立創業後的今日，無論在哪裡我都保持真我。

因此討厭的工作就漸漸地不再落到我頭上。像本章開頭所提到的那種事情，自然而然地變得幾乎不再發生。

話雖如此，但突然被要求要保持真我，對某些人來說可能會感到相當為難。所以在展現真我之前，有一些事情是你可以先做的。

在打招呼時，順便報告一下現況

主管不瞭解你的現況或許是出於他沒有好好觀察。但更有可能是因為你沒有讓主管能輕易地觀察你、瞭解你，所以主管才會看不到真正的你，這就是認知差距形成的原因。請姑且這麼想，先試著讓主管能輕易看見真正的你。

最簡單快速的做法是跟主管多多溝通交流。

而最有效的溝通交流就是——打招呼。

你每天都有跟主管打招呼嗎？早上是不是只說了「早安」就匆匆結束？若是如此，那真的非常可惜。

早上打過招呼後，如果又碰巧一起搭電梯，或是在走道擦身而過時，是否也有問候一聲「您辛苦了」？若只有問候一聲，那也有點可惜。

真實世界中的問候就相當於社群網站上的「讚」。採取這類行動並不需要花費太多力氣。做與不做所付出的勞力沒有太大不同。然而，被問候的一方對你留下的印象卻會有一百八十度的差異。

”比起完全不幫自己按「讚」的人，
人們對於願意幫自己按「讚」的人更會有好印象。“

打招呼除了能讓人留下好印象外，也能成為溝通交流的契機，請試著利用這點，緊接著報告一下現況，像是提到「我今天要做這項工作」或者「我現在正在處理哪個案子」等。光是這樣，就足以讓主管更瞭解真正的你了。你會從一個對主管來說「不知他在做什麼」的部屬，升級為「知道他在做什麼」的部屬。

即使不特別去報告進度、互相聯絡、商量工作，光是這樣便能讓主管掌握你的狀況。就算不知道其他部屬的情況，但主管會變得對你的工作量似乎有所瞭解。重點就在這個「似乎有所瞭解」。

如此一來，主管就比較不會特地去增加你的工作了。

說到問候，你都是如何運用 Zoom 之類的線上會議開始前的時間呢？在全員到齊之前，是不是一片沉默又無事可做呢？這也是有些可惜的。畢竟機會難得，要不要試著以真實的自我和大家閒聊看看？而要用什麼主題來閒聊，就由真正的你決定。

多裝傻，別光是吐槽

隨著問候做點現況報告絕無壞處。因為那屬於一種裝傻的行為。

對在日本關西地區出生長大的我來說，公司這種環境似乎只存在負責吐槽對方以導正話題的人，幾乎不存在裝傻的人。

即使是開會，大家也都試圖打圓場。我所謂的人人都在吐槽是指這個，而不是指「搞笑」的部分。公司裡似乎總是有某種預先設定好的和諧，多數人都唯唯諾諾，沒幾個人敢裝傻地提出：「那麼這樣如何？」要爬上成熟大人的階梯很不容易，過去的我也曾為此感到不知所措。

可是，一味地吐槽對方以導正話題，是無法創造出新的事物或服務的。更重要的是，那樣的氣氛很無趣。

所以要試著裝傻。

所謂裝傻，也意味著讓想吐槽的人能夠吐槽並導正。

畢竟「我現在在思考這個，你覺得如何？」這樣的裝傻發言無論如何都能賦予聽的人機會，讓他們可以給出「很棒耶」或者「你竟然在幹這種事？」等不同的評價。也就是給他們吐槽的機會。當然，絕大多數人大概都會回應「不可能」、「要是失敗了怎麼辦？」但不必介意，請繼續多多裝傻吧。

如此一來，其他想要裝傻但一直在忍耐的人也會開始裝傻，於是便使得無聊的氣氛有所改變，這樣的經驗我曾經有過多次。

你的裝傻處女秀會做出貢獻，改變氣氛，也改變公司，而你裝傻的內容或方式則能讓大家瞭解真正的你。

“不論是保持真我還是裝傻，
都是讓別人瞭解
真正的自己的必要手段。”

若能夠保持真我、多多裝傻，他人對你的誤解也會逐漸被消除。畢竟人人都有自己的意見，有時可能要靠裝傻才能提出來。

或許不是每個人都絕對如此，但我認為像這樣慢慢地流露自己的真心話，就能夠與周遭的人自然地溝通交流。

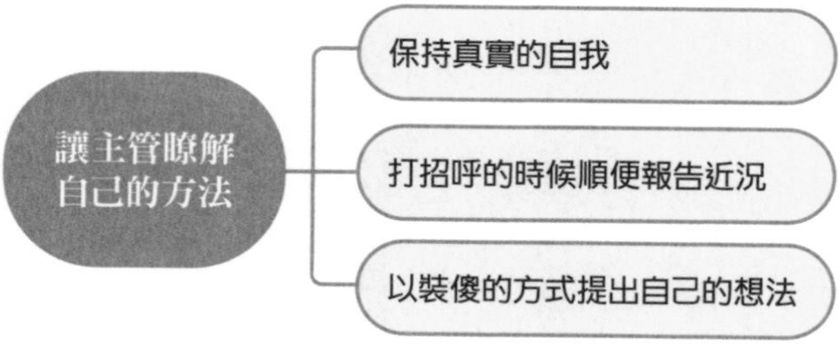

而溝通交流越是順暢，你的真我就會被接受和認可，然後便漸漸不會再被分配到自己不喜歡的工作了。雖然一開始不見得會被大家所接受，但只要持續裝傻，你就能夠做你自己。

令主管困擾的真正理由

不幸的是，有時即使能夠真誠地溝通交流，也還是會被分配到自己不喜歡的工作。亦即雖然機率降低了，卻無法降到零。

因此，所謂拒絕討厭的工作這種麻煩事，也難以徹底免除。

但為何即使如此，拒絕討厭的工作時，心中還是會感到痛苦呢？

其中的理由在於，拒絕不只會讓你因為成功躲掉討厭的工作而感到喜悅，同時也會產生自認為「讓主管困擾了」的奇妙罪惡感。

但其實讓主管困擾的，並不是你拒絕那項工作這件事，而是**你自以為那項工作可能會因為你的拒絕而無法完成**。

實際上，把你討厭的工作分配給你的主管，並沒有覺得該工作非你不可。主管之所以把你討厭的工作分配給你，通常是因為他沒特別想什麼，或者他根本沒注意到真正的你和他對你的印象之間的差距。

只要該工作能確實完成，並沒有任何理由非要由你來做不可。

所以，拒絕時的愧疚感，可藉由推薦別人來消除。因為即使你不做，只要有別人做，對主管來說就毫無問題。

充分瞭解和自己一起共事的人

要拒絕自己不喜歡的工作時，就想想誰可能願意做，然後把該人選推薦給主管。但若只是隨便講個同事或部屬的名字，說「我想他（她）應該會願意做」的話，似乎有點不負責任，要是那個人終究還是拒絕了，主管還是會很困擾。因此，必須要確實推薦應該會接下該工作的人選才行。

以前述八秒要跑完一百公尺的例子來說，能做的人肯定有點難找。不過如果是曾經花十二秒多跑完的人、前田徑選手、前棒球隊代跑球員等應該是找得到的。若你知道這些，也就是相當瞭解同事和部屬的話，腦袋裡應該就會立刻浮現該推薦的人選。

除了能力外，在時間方面也一樣。若是能透過日常聊天充分掌握同事或部屬的忙碌程度，就會有辦法推薦可能有空的人選。

你自以為那項工作可能會「因為你的拒絕而無法完成」於是導致主管很困擾

提供替代方案

【推薦人選】

- 「〇〇同事對那個領域滿有興趣的喔。」
- 「我想〇〇同事可能比我更適合該工作。」

【接受一部分】

- 「距離開會還有一小時左右的時間，我能做多少就算多少吧。」
- 「要做出完整的企劃案太困難了，但若只做新產品的介紹部分，我可以。」

【接下別的工作】

- 「我之前做過安排場地的工作，那個我可以做。」
- 「也會需要檢查資料對吧？那部分我可以來負責。」

就像這樣，一旦能立刻推薦合適的人選，應該就可以消除拒絕時的歉疚感。換言之，不論是為了避免被分配到自己討厭的工作，還是為了把被分配到的討厭工作轉給別人，你都必須讓主管瞭解你，而且要有能力展開觸角以瞭解同事及部屬才行。

若是有時間但沒能力

前面我已寫出自己的一些想法，告訴各位該如何拒絕因為能力不足或沒時間而辦不到的工作，以及如何把工作轉給更適合的人等。那麼，有時間的話該怎麼辦呢？這也包括雖然有時間，但目前的能力似乎稍嫌不夠的時候。

不是明天就要做到在八秒內跑完一百公尺，而是例如一年後要能在十四秒以內跑完的挑戰。亦即並非不可能的任務，只是比較嚴苛、不太合理而已。

又或者，你可能並不討厭該工作，只是覺得自己不擅長罷了。在這種情況下，也可以就當成沒時間而予以拒絕。但姑且試試也無妨，不是嗎？

把討厭的工作視為一種可嘗試的挑戰

尤其是那種若非主管開口，絕不可能想到要試著跑完一百公尺的人。

當然，如果是膝蓋受傷或心肺功能有點問題，那又是另一回事。不過若是覺得這麼說來自己也曾經喜歡跑步、感覺好像做得到、有想要試試看的話，不拒絕或許也挺好的，不是嗎？

若是能夠這麼想，那麼，該工作對你而言就已不再是令人討厭的工作了。

第1章的總結

其　實

- 不喜歡的工作，拒絕掉就好了。

因　為

- 若在時間上辦不到就不可能達成。
- 若在能力上辦不到也不可能達成。
- 就算你拒絕該工作，公司依舊能運作。

所以不要

- 用兇巴巴的態度拒絕。
- 一味地吐槽並急著導正。

而是要

- 主動與人溝通交流。
- 裝傻以引誘別人吐槽（讓對方評論）。

總之就是

- 要保持真我。

第2章

討厭的工作可以不要做

理解

沒意義的工作不是你的錯

本章

適合這樣的人閱讀

↓

調整心態

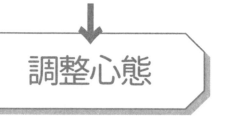

- 覺得自己必須要改變才行
- 認為尋求工作的意義毫無用處
- 討厭主管討厭得不得了
- 想要趕快退休

「前輩，我想問問你的意見。」

怎麼了？有話就說，別客氣。

「最近，我被調到其他部門了，但依舊總是被分配到令人討厭的工作，搞得我壓力爆表。你覺得我該怎麼辦好呢？」

依舊被分配到令人討厭的工作是吧。我問你，那些令人討厭的工作，如果要用除了「討厭的工作」以外的說法來描述，你會怎麼描述它？

「嗯……我沒想過耶……我可能會說成是『沒意義的工作』之類的。」

那個「意義」是對誰而言的意義？

「當然是對我而言的意義啊，不過我覺得那些工作對這個世界來說也沒什麼意義就是了。真的是毫無意義。」

如果沒有任何人能在該工作裡找到意義的話，那這個工作怎麼會存在呢？

「我哪知道啊！」

你有問過主管該工作背後的意義嗎？

「又是主管？我沒問過。因為我已經想像得到他會怎麼回答了，要不是說『閉上嘴巴乖乖做事就好，問什麼問』、『別問這種無聊的問題』，就是『別問了，做了對你有好處的』。」

但，何不問一次試試呢？

「到底是為什麼要做這個工作啊！……像這樣問嗎？」

不不不，那樣問應該會吵起來。

「還有別的問法嗎？」

我問你，你覺得自己和你們公司的調性合嗎？還是相差很遠？

「嗯……這我倒是沒想過。我覺得，我和公司的調性不太合。是說……世上有人是和公司調性合的嗎？雇用方與被雇用方的想法不一致不是理所當然的事嗎？」

這麼說好像也是有道理。有辦法讓彼此比較合得來嗎？

「是叫我要妥協嗎？饒了我吧。」

不不不，我不會叫你要妥協，也不會叫你要改變自己。因為應該要改變的是別的部分。

為什麼討厭那個工作？

每個人都有不喜歡的工作。

而那種讓人不喜歡的工作，並不是只有如〈第1章〉介紹的在能力上辦不到以及在時間上辦不到的工作。

基本上，應該也有一些工作是你覺得自己在能力上辦不到，但很想試試的，或是在時間上難以配合但很想挑戰看看的。

另一方面，還會有一些是在能力和時間上都辦得到，可是你就是很討厭的那種工作存在。

我認為，像那樣討人厭的工作，當然可以拒絕掉就好。

而拒絕的方式和之前說的一樣。就是在提出做不到的理由的同時予以拒絕。

那麼，自己有能力做到，也有充足的時間可以做，但卻很討厭的工作，是什麼樣的呢？你覺得自己討厭怎樣的工作呢？——那肯定是讓你腦子裡有著揮之不去的「為何我非得做這種工作不可？」、「到底是為什麼要做這種工作？」等疑問，**是你並不明白其目的的工作**。

而這便意味著，只要釐清做這項工作的理由，該工作應該就不再是令你討厭的工作了。

「完成這份工作，應該就會得到這樣的成果。」

「這工作是基於某個偉大的願景才存在的。」

如果能這麼想，就會自然而然地對該工作產生熱情。

但可惜的是，多數工作都在其必要性未被妥善傳達的狀態下，就由主管交辦給部屬了。然後部屬儘管內心百般不情願，也只好畢恭畢敬地努力去做，默默完成任務。我認為，這正是世上許多「令人討厭的工作」與「因討厭這工作而導致結果差強人意」的原因。

「到底為了什麼而做這工作？」

「為什麼非得做那工作不可？不明白那麼做有何意義。」

若這是你對該工作感到厭惡的理由，那麼，其實要把這份工作變成你想做的事並沒有那麼困難。

因為若厭惡的理由是自己的能力或時間不夠，就必須增加能力、擠出時間，但在這種情況下則只要瞭解背後的意義就行了。

而你之所以不理解該工作的意義，只有兩個可能的原因：

1. 該工作真的毫無意義。

2. 它應該有意義，只是你沒能理解罷了。

關於毫無意義的工作，我稍後會再談到，在此先針對「它應該有意義只是你沒能理解」的狀況做說明——其實這種不理解，來自於缺乏溝通交流。

要不是主管沒向你說明其意義，就是你沒去問其意義為何，你之所以會感覺不到也沒能接受實際上存在的意義，原因必定是這兩者之一。

令人意外的是，光是因為這個理由便覺得「我討厭這工作」的例子其實相當常見。所以，當你覺得有些工作令人厭惡，而原因在於感覺不到該工作的意義時，不要只是一個人悶著頭自己想，找個可能知道意義的人問問會比較快，也更輕鬆。

主管不是你的敵人

換言之，不妨問問看把工作交付給你的主管該工作的意義為何即可。

話雖如此，但可不能用「到底是為什麼要做這個啊？」的方式逼問。這樣反而會讓你與主管為敵。

請記住，你要先站在和主管相同的立場才行。別跟主管作對，而是要肩並肩地和他站在同一邊。你們雙方並不是提問者與被審問者的關係，所以要用共享並語帶確認的感覺來這麼問：「為什麼要做這工作啊？」不是要抨擊、譴責主管，是要替主管說出他的心裡話。

如此一來，若主管有理解該工作的意義，應該就會立刻告訴你。然後如果他給出的答案對你來說是可接受的「工作意義」，那麼本來很討厭的事，就會瞬間變成想做的工作。

只不過，有時主管可能也不明白該工作的意義為何。

但即使是在這種情況下，也絕不能說出「你連這工作為什麼要做都不知道，竟然就這樣交辦給我？」之類的話。若是要追問，最好用「能否請您幫我去詢問一下？」這種方式請主管向他的上級確認。

把意義不明的工作交付給你的主管，很可能也是在不知道其意義的狀態下，被他的上級交付了該工作。然後他並未針對該工作思考「是為了什麼而做？」，而是直接基於速度第一的原則把工作交辦給你了。所以才會在被你問到「為什麼？」時，無法立刻答出來。

請給主管一點時間。並且等你的主管從他的上級那邊問出該工作的意義後，再根據其答案，重新判斷你是否真的討厭那個工作。

若對方不告訴你工作的意義，那就該換人了

基本上，我認為不論身為主管、同事，還是部屬，只要是任職於同一間公司的人彼此都是夥伴，大家朝著同一個目標前進，所以要互相幫助才是明智的做法。因此，主管一旦被部屬問了問題就要好好回答，我覺得事情本該如此。

不過我也知道，這世上的主管並非全都如此。

面對部屬的提問，無論如何都會有那種回答「誰理你啊！我才不在乎那個呢」、「你真的很囉唆耶」的主管存在。

但如果你的主管屬於這種人，他不願意告訴你該工作本應有的意義，那該怎麼辦才好呢？

若是這樣，要把討厭的工作變成不討厭的工作就相當困難了。

這時你必須賭個運氣，試試不同的主管。沒錯，**這時候就要把主管換掉才行**。

一定規模以上的企業，通常每三年左右會有一次人事異動。意思就是，你可以等待人事異動讓你的主管消失或讓你自己消失。

這樣你會變成別的主管的部屬。然後可能就不會認為原本那個主管分配給你的工作那麼討厭，或者也可能覺得更討厭。

若是覺得更討厭了，那就只好繼續等待下一次的異動。很遺憾，現實就是如此。在下一次的異動到來之前，你就只能繼續不斷地拒絕不喜歡的工作。

不過也請記住，光是把人事會定期變動這件事記在腦袋裡，便足以穩定心靈，能夠減少令你感到厭惡的工作量。

「做了對你有好處」是真的嗎？

明明你想知道的是工作的意義，但可能有些主管不會認真解釋，而是會講出這樣的話：「你先做就是了，之後會有用的」、「這工作做了對你有好處的」。

被主管這麼一說，你或許會懷疑：「真的是這樣嗎？」但其實主管根本不可能知道該工作是不是「真的」對你日後有幫助、是否對你有好處。因為包括你自己在內，沒人知道什麼會對你有幫助。儘管如此，卻說什麼之後會有用、對你有好處，這分明就是瞎掰，不過是敷衍了事罷了。

所以，是否真的可能有幫助，或能夠為自己帶來好處，應該要由你來思考，由你自己做決定。

雖然說未來的事誰也不知道，但在某個程度上，還是存在有一定的基準能夠判斷那是否真的會有幫助——這基準就是**科技趨勢**。

所謂的科技趨勢，舉例來說就像如下這樣。

假設主管指派了一項工作給你，是要「製作日本刀」，這時你會怎麼做？這似乎是個有趣的工作。若是喜歡動手做東西的人，可能會立刻就開始製作。搞不好會覺得「能製作日本刀還可以領薪水，真是太棒了」也說不定。但因此而學會的製作日本刀這一技能，是否會對你今後的工作有好處呢？或許有個好處是能以這獨特的經驗為話題，讓大家覺得你是個有趣的人吧。但肯定沒人會相信此後日本刀的市場會繼續擴大，最好先進入市場比較妥當。

日本刀這個例子或許稍微極端了點，其他也還有好幾種技能是今後不再被人類所需要的。

回顧過去這幾年，不乏工作被AI取代的相關話題出現。即使只是過著一般的生活，應該也無法想像例如客服中心的電話專員需求今後將急遽增加這種事。會於此時立志成為電話客服專家的人，只能說是誤判了科技趨勢。

在AI浪潮中找到工作價值

另外，儘管現在可能還有工作可做，但也不建議你成為特定數位平台或系統的專家。因為在你成為專家之前，該數位平台或系統很可能已經被新的產品給取代了。

AI肯定會搶走人類的工作。若是如此，那麼**我們就該著眼於「不適合由AI來做的工作」，而不是可能會被AI搶走的工作**。因為不適合由AI來做的工作，無疑會繼續由人類來做。

言歸正傳，要知道主管未必不會把製作日本刀或擔任電話客服人員之類的工作說成是「對你有好處」。而與其想著是否真的對自己有好處，重點其實在於，判斷付出的努力是否不會白費的，應該是你自己才對。

絕不會被AI搶走的工作

因科技而被淘汰的工作、被AI搶走的工作，今後肯定會越來越多。

而另一方面，也確實有一些工作是AI做不到的。

舉個極端的例子，如果家人都是AI，你覺得如何？這種事情當然不可能發生，但換個說法，也就是在你身邊與你共享情感的人如果都換成AI，你覺得如何？情感的共享，通常還是會希望以活生生的人為對象。試想看看，有多少父母會想把孩子送去由AI機器人擔任老師的學校上課呢？這部分，終究還是需要人類對吧？

那麼「這部分」是指什麼呢？其實就是指溝通交流。

附近的便利商店或家庭餐廳AI化無所謂，但對於在重要的日子會為了慶祝而去用餐的那些餐廳或是自己特別喜歡的店家等，還是會希望能由真人店員提供服務，而人之所以會這麼想，主要是因為一般人依舊認為人與人之間的溝通交流很珍貴的關係。

也就是說，**溝通交流的部分不會被AI取代**。

在這樣的時代，我認為有一項技能很值得磨練。

那就是寫信。

在這個寫信不如寫電郵、寫電郵不如用Line等通訊軟體傳訊息的時代，反而要刻意練習手寫信。因為AI可以成為聊天機器人，但無法親自用筆寫信。而比起透過通訊軟體的業務聯繫，親筆信往往更能打動人心。

「那個人寫出的信，字好漂亮。」

像這樣的評價，日後應該會越來越有價值。

主管本來就不是你的敵人

主管、同事、部屬。在同一個職場中工作的人們，對你來說意味著什麼？

當然，他們不同於家人，也不同於朋友。

對我來說，主管、同事、部屬，就和運動時一樣，基本上都是隊友。絕不是敵人，而是夥伴。當然，彼此之間也會有意見不合的時候，就像隊友偶爾也難免吵起來一樣。就因為是隊友，所以才會這樣……我都這麼想。像這樣自我暗示，就不會在意，更不會因此覺得太過困擾。

所以，在進行名為工作的冒險之旅時，要適時借用夥伴的力量，更要倚賴身邊的夥伴。同樣地，**我也會把自己的力量借給對方，讓對方可以依賴我。**我會像這樣透過互相支

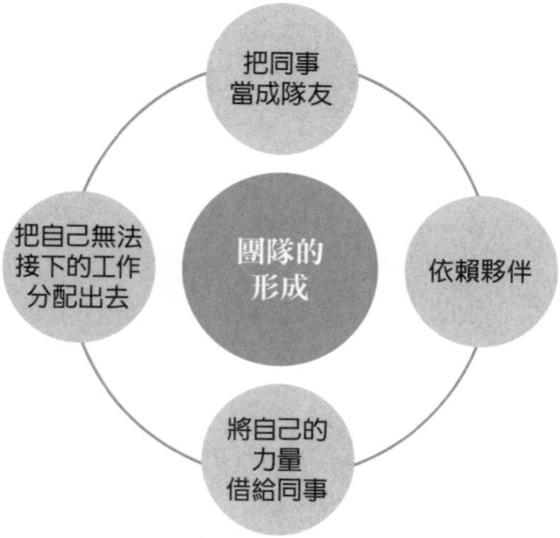

援的夥伴所集合而成的團隊，來進行手邊的工作。

而這麼一想，把自己做不來的工作分配給同事或部屬，不也是理所當然嗎？就算和主管之間無法好好相處，運用夥伴的力量來讓自己在競爭中更具優勢才是上策。

”把主管這個難得的夥伴視為敵人是非常可惜的。“

若能像這樣轉換思維，對於因為主管而感到厭惡的那些工作，你心中的看法應該也會有所改變。

請務必試著把工作交給隊友，好好善用你的最佳夥伴吧。

為什麼會出現沒意義的工作？

至此為止我所說明的，都是該工作本應有意義，只是基於某種理由而沒能傳達給你的情況。

但還有個問題沒解決——**有些工作本來就沒有意義**，導致你由於無法感覺到該工作的意義而心生厭惡。很不幸地，世上也的確存在著沒意義的工作。

我前幾天拒絕掉的工作便是如此。

提議的人對該工作充滿了熱情，他還表示那工作「非常有趣」。但那是他的主觀想法，若是希望周圍的人一起參與其中，就必須花點心思讓周圍的人也感覺有趣，要把樂趣轉換成「做這件事的意義」來傳達出去才行。

所以，當時我便隨口問了對方：「為什麼要做那個工作啊？」也就是運用了前面所寫的技巧。

我期待他會告訴我一些自己沒能注意到的意義，或者也許其中存在著能夠解決社會問題的機制等，但他的回答卻一直都是「因為我覺得很有趣」。於是，我又試著進一步問「是哪部分讓你覺得有趣呢？」但是，對此他並沒有給出能讓人感覺到社會意義的答案。我想對這個人來說，那工作並沒有所謂足以說服除自己之外的其他人的意義存在。

我無法感受到不存在的意義，所以當然也就沒接下該工作，畢竟覺得討厭的工作不論過了多久都不會變得喜歡。

不是主管和公司的錯，更不是你的錯

之所以會連續不斷地被分配到沒意義的工作，**其根本原因很可能不在於指派工作給你的主管，而是在於組織。**

要不是組織根本就不講究工作要有意義，就是組織總在你認為沒有意義的事情裡感覺到意義。

據說公司這種組織，通常都是為了將利益最大化而存在的。話雖如此，但有些是即使做一些近乎違法的事情也要將利益最大化，有些則是希望在能同時為社會做出貢獻的狀態下將利益最大化，每家公司都各以不同的條件為前提，而這樣的思維差異會以所謂企業風格或企業文化的形式表現出來。

於是，當一家不擇手段地要將利益最大化的公司裡，有著希望在做出社會貢獻的同時提升利潤的員工，對他而言，絕大多數的工作往往都是討人厭的工作。

當公司所認為的意義和員工所認為的意義不一致時，便會導致彼此陷入不幸。

明明雙方都想做有意義的工作，卻由於對該意義的定義不同，於是便產生出了歧異。

在這種情況下，不管你再怎麼向主管詢問工作的意義並試圖理解，不論主管再怎麼以公司的價值觀來仔細說明，即使因人事異動而換了個主管，就算你再怎麼努力改變自己的想法，都不會解決最根本的問題。

”只要價值觀不同，對於工作你就絕對只會感到厭惡。“

這不是公司的錯，也不是你的錯。錯只錯在公司和你合不來。分明合不來，卻還試圖在那邊努力，不過是浪費時間而已。

「改變」的選項有3個

容我再次強調，不喜歡的工作，可以拒絕掉就好。

只不過，若是所有的工作都拒絕，就會變得不知到底為何要在那邊任職。或許是本來就不該選擇那間公司或那樣的環境。

如果是這樣，你最好從以下這三個選擇中擇一：

1. 把該公司或環境調整成對自己來說舒適的狀態。

2. 讓自己配合並融入該公司或環境。

3. 自己主動換到別的公司或環境。

接下來，讓我們試著想想看，你有辦法改變公司或環境嗎？

每間公司都有自己的文化。雖說各行各業的文化都不太一樣，但即使是同一行，若是不同的公司，文化也還是會有些差異。

而且不論退休的人數增加多少，也不管有多少新人加入，那樣的文化依舊不太容易改變。這正是所謂的企業文化。

身為一介員工的你，有能力改變這樣的企業文化嗎？我無法。恐怕對大多數人來說，這都是很難做到的事。

那麼，配合該文化改變你自己呢？

這聽起來似乎比改變文化要容易。

可是所謂的改變自己，就等於是遠離真我，也就是扮演一個與真我不同的自己。明明已經是苦於無法保持真我的人，竟然還要進一步遠離真我，這不是在為難自己嗎？我無法提出這樣的建議。

這樣就只剩下一個選擇——不改變公司的文化也不改變你自己，而是重新選擇一家企業文化適合你的公司，簡言之就是「換公司」。這不是指改變職務種類的「換工作」。（一般人們常用的是「換工作」這個說法，但在此基於不須變更自己的工作這層意義，而採用了「換公司」一詞。）

實際上，這是最簡單也最有效率的辦法。

換公司時看的是能力，亦即你必須具備能被新公司認同的工作技能。**而且這樣的能力或技術，有時可透過以往經歷過的討人厭工作來獲得。**

第2章的總結

其　實

- 某些工作之所以令你討厭是有理由的。

因　為

- 一旦價值觀不合，便會感到厭惡。

所以不要

- 畢恭畢敬地努力去做討厭的工作。
- 嘗試轉換自己的價值觀。
- 試圖改變公司的價值觀。
- 繼續在充滿了討厭工作的公司工作。

而是要

- 把討厭的工作變成想做的工作。
- 尋找與自身價值觀相符的環境。

總之就是

- 繼續做著討厭工作的根本原因就在於該公司，與其改變自己、改變公司，不如換公司。
- 不過，以往令你厭惡的工作經驗，也可能成為你換公司成功的理由。

第3章

討厭的工作對自己有好處

武器

偏見會讓人錯失良機

本章

適合這樣的人閱讀

↓

轉換思維

不想做多餘的額外工作

CP值至上主義

不知道對自己來說
什麼樣的工作是必要的

希望能獲得可用的技能

「前輩，有件事想問問你的意見。」

怎麼了？有話就說，別客氣。

「打從進公司到現在，我都一直做著同樣的工作，也想成為這方面的專家。你認為我該取得哪些證照比較好呢？」

想成為專家啊。不過，以二刀流為目標難道就不好嗎？

「二刀流？你是說那個大谷翔平嗎？像那樣在大聯盟擔任先發投手兼長距離打者的等級嗎？拜託別用那麼高的標準來要求我啦。前輩你高中時也是棒球隊的，應該知道大谷選手的等級有多高吧？」

當然，大谷選手之所以能達成那種高水準的二刀流，除了他自己的努力外，我想身體上的優勢也是一個重要因素。所以，不是每個運動員都必須以二刀流為目標。

「那就別要求我成為二刀流嘛。」

我問你，你念的高中，一個年級大約有幾人？

「欸？幹嘛突然問這個？嗯……一班四十個人，總共八個班，所以是三百二十人左右。」

所以這樣算起來，全校共九百六十個學生，接近一千人呢。

「是啊。」

不論什麼領域都可以，你覺得要在你的高中成為第一比較容易，還是成為一百萬人之中的第一比較容易？至於一百萬人是怎樣的概念，嗯，在日本，同一年齡的人口數大約就是一百萬人。

「當然是在高中成為第一比較容易啊。這點道理我還是懂的。」

那，是在兩個領域裡都成為你們高中的第一比較容易，還是在一個領域裡成為百萬人之中的第一比較容易？

「這個嘛……什麼領域都可以是吧？」

什麼領域都可以喔。

「那還是在高中比較容易。因為只要去嘗試其他的九百九十九人都沒做過的事，就有機會在該領域成為第一。」

你看看，你也懂得這個道理啊。

「欸？什麼意思？」

你覺得該如何找到那種領域？

「應該是從自己擅長的部分開始找起，是吧？」

沒錯。不過，這樣的話，最驚人也不過就是能投又能打之類的，是吧？像是能投球又會品酒、很會打擊又會開油罐車之類的才真的驚人。

「無所謂啊，又不是靠驚人程度的高低來贏別人。」

其實，越是驚人，你就越有優勢喔。

「欸？那到底該怎麼選擇領域才好呢？」

這麼說可能會讓你意外，但這部分並不是你自己可以選的。

你現在討厭的工作日後會拯救你

容我再次強調，討厭的工作可以乾脆地拒絕掉。只要有充分的理由，並讓對方理解該理由，就不必太過擔心可能會因此得到糟糕的評價，或是發生降薪的問題。尤其是在能力或時間明顯不足的情況下，拒絕可說是理所當然的選擇。

但若是在有時間的情況下，被指派了未曾做過的工作，或許就該多考慮一下。

即使直覺上感覺不喜歡，但姑且一試也不壞。

我本身任職於Toyota時，也曾被分配到意料之外的工作。雖然名為工作，但或許也可算是一種學習。當時，我被要求去學習統計分析，然後去參加已成為公司內部傳統的大數據分析比賽。「真倒楣、好麻煩」，老實說我那時覺得好討厭。

我在學生時代，做的是有關DNA的研究。在這方面，也有一些人會運用統計的相關知識來進行分析。但我所做的研究剛好是不太需要這類知識的領域。所以，我並不具備既有的優勢。

儘管如此，那時我還是試著參加了分析大賽。也不知道為什麼，或許是因為那時還不懂得拒絕的技巧吧。不過，當時對統計分析的深入接觸，促使我進一步去探究深度學習與機器學習等資料科學領域，而這些都是學習AI所需要的必備知識。

於是我才得以在AI崛起的今日，靠著精通AI的專長來擔任策略顧問的工作。如果那時，我找了個理由把分析大賽的任務給推託掉的話，就不會有像現在這樣自己獨立出來自由工作的我了。

拓展你的舒適圈

正因為有此經驗，所以我才會覺得，雖然前面總是說不喜歡的工作不妨拒絕掉就好了，但有時候試試看也無所謂。尤其是那種**和自己以往擅長的領域略有差距，若非某人建議否則不會想到要親自嘗試的工作**，這類工作一旦決定去挑戰了，很有可能會成為你未來的重要武器。

而以討厭為由把煩人的工作給拒絕掉，也等於是錯失了獲得該重要武器的好機會。換言之，我想說的是，對某些工作抱有「偏見」其實是很可惜的事。

工作不能用TP值來選

在我心不甘情不願地開始研究統計分析及資料科學的那個時候，並沒有預料到像現在這樣的AI時代會到來。我有感覺到會做大數據分析確實是個不錯的機會，但從未想像過這竟然和機器學習、AI有關連。

所以每當被問到「任職於Toyota時，為什麼會去學統計分析？」時，我的回答並不是「我有先見之明」，而是「因為恰巧被指派了那項工作」。

之所以能有今日的我，是因為任職Toyota時學到了統計分析等知識，也是因為在TBS工作時體驗到了情感勝於邏輯的世界，學到了到底何謂節目製作，更是因為之後在埃森哲IT顧問公司，重回硬梆梆的邏輯世界再次強化了邏輯思維的關係。

有些經驗是自己主動去爭取的，但也有一些是接受建議後才姑且嘗試的。是這兩者一同造就了今日的我。如果只累積了自己主動去爭取的經驗，應該只會成為如我所想像的自己吧。

但是在努力嘗試別人丟過來的工作的過程中，我卻學會了自己從未曾想像過的技術與知識。

這或許是讀書（尤其是為考試而讀書）和工作最不一樣的地方。

職場思維和在學校時截然不同

為考試而讀書，是為了通過考試才付出這些努力，如果去探究不會出現在考題中的知識，TP值（時效比，時間效益比）就太差了。而之所以鑽研考古題，也可說是一種想要找出命題趨勢以便有更效率地讀書的表現。然後，一旦通過考試之後，人們就漸漸不再讀書了。

然而，工作並不是一種為了通過入學考試之類的目標才做出努力。那工作是為了什麼而努力呢？雖然我們可以說出像是「解決社會問題」和「實現企業理念」等各式各樣的大道理，不過我覺得最簡單易懂的理由，是**「為了工作者自己的人生」**。

不工作就沒收入，會讓你難以維持生計。工作是為了活下去而做的努力，不是通過了試驗什麼就可以不再繼續。但在今後因終身雇用制與年功序列制（依據年資來升遷、加薪）等日本企業傳統的崩壞與少子高齡化，而導致人力資源短缺的時代，很多人恐怕都必須工作一輩子。

現在的年輕人，五十年後還在工作的可能性非常高。

試想看看，五十年後你在做著什麼樣的工作呢？

這或許誰也想像不出來吧。應該連十年後、五年後在做什麼都不知道了。我在十年前也無法想像現在的自己。

也就是說，十年前的我們無法想像現在的自己，而今日的我們也無法想像十年後的自己。這些道理其實不難理解，所以，下次遇到令人心生厭惡的工作時，想想看你是否只依據現在的TP值來決定要不要做呢？

「偏見」會帶來損失

如同前一篇所說的，明明不知道十年後在做什麼工作，也不知道那時的工作需要什麼技能和知識，但卻只是以「討厭」為由而迴避眼前的工作，這樣真的沒問題嗎？

搞不好從該工作得到的經驗會影響將來的工作也說不定。

說得誇張一點，拒絕該工作的人或許將來會因此錯失這些工作，而沒拒絕的人可能會因此而獲得某些工作。

儘管如此，你還是有拒絕工作的自由，也可以拒推掉你不喜歡的工作。只不過，我覺得你可以稍微冷靜地思考一下，**到底是真的討厭該工作？還是其實並不討厭，只是因為沒做過所以想逃避罷了？**

我認為對於工作，人們往往會抱有某些「偏見」。比方說過去的我，對統計分析和資料科學就存在著偏見。

明明試都沒試過就覺得好像很難，一旦著手嘗試之後，卻意外發現其實很有趣，甚至就此著迷。正因為試過了，所以才能發現樂趣所在。如果總是抱持偏見，不願嘗試，恐怕一輩子都無法發現箇中趣味。

更何況，容易讓人有偏見的工作多半都是新的工作。

新的工作沒人做過，當然也不會有人很擅長這個工作。所以，主管也不會知道該交辦給誰比較好，或許有些機會就是在這種不確定的狀態下找上你也說不定。能在這種時候被主管看上，不一定代表你很倒楣，而是雀屏中選。因為這是你參與新工作的好機會，可以投入於自己過去不會想到要主動嘗試的工作。

換言之，有一瞬間令你覺得「討厭」而打算拒絕的工作，很可能正是命中注定、能夠改變你未來的工作也說不定呢。

不需要設定目標

要把討厭的工作變成未來的武器，你別無選擇，就只能放棄拒絕並全心投入。

不過現階段，你不會知道哪個討厭的工作會成為你未來的武器。和為了考試而讀書不一樣，工作不能用TP值來選。

工作也不需要設定目標，這點也和為考試而讀書不同。

當然，在開會前準備好資料、達成特定數值等日常目標是必要的，而你也需要為這些做出努力。但並不需要像是在這項工作上我要得到幾分、要獲得多好的評價等如同讀書考試般的目標。

如果有目標會更有動力的話，那當然可以設定目標，但對你來說，若有無目標的差異不大，不特別立下目標也可以。

除此之外，在工作上，其實有著比透過分

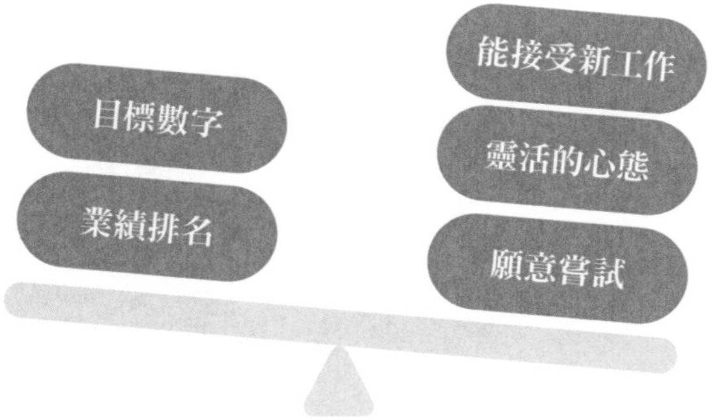

數或排名等數字來獲得評價更重要的事，那就是——**願意嘗試的態度**。以及對於不懂的事情也會努力去處理的靈活度。

其理由就如前面已說明過的。

而所謂的靈活度，或許也可說成是「能夠接受新工作的寬廣心胸」。

然後，我們一旦有了那樣寬闊的心胸，以討厭為由而拒絕的工作肯定會逐漸減少，在今後的漫長人生中所需的武器則會持續增加。

要做到什麼程度才能說是「足以勝任」

「那個人可以勝任這份工作」、「這個工作希望交給能夠確實勝任的人」我們平常會很自然地採取這類說法。

但其中所謂的「可以勝任工作」並不是指「（不論花了多少時間，即使在周遭人們協助之下，也只是勉強搞定的那種）可以勝任」，而是指「（只要交給他就能有相當高品質的結果的那種）可以勝任」。

也就是說，要能夠被評價為「可以勝任這份工作」，其實需要有一定的品質。

換言之，一旦說出「我可以勝任此工作」這句話，周遭的人就會認為你一定對自己的工作品質很有自信。

那麼，要能夠提供什麼程度的品質，才能說是「我可以勝任此工作」呢？就結論而言，並沒有所謂「這個程度」的分界線存在。

不過以個人來說，我有我自己的標準。我的標準就是，若與一千個人競爭，我似乎能把工作做到最高品質時，就會覺得自己「可以勝任」，而今後若是要能夠勝任其他新的工作，我也會以千人中的第一名為目標。

因為若成為千人中的第一，就足以讓我認識的人在其舉目所見的範圍內覺得我是「最可以勝任此工作」的人。

如果只成為百人中的第一，很有可能還有比我更能夠勝任的人。而要成為萬人中的第一，則需要比成為千人中的第一多十倍以上的努力。所以成為千人中的第一才是剛剛好。

應以「千人中的第一」為目標的理由

接續前一篇提到的，做新工作時，只要能成為千人中的第一便已足夠。沒必要立志成為萬人中的第一。

我認為，比起在單一工作中，試圖從千人中第一的位置進步到萬人中的第一，不如保持原本千人中第一的地位，然後追求在其他項目的工作中也達成千人中的第一會更有優勢。

這是因為，若在A工作中成為千人中的第一，然後在B工作中也成為千人中的第一的話，在A和B所連接而成的面向，亦即在做A加上B的工作時，你就能夠成為千乘以千，等於是百萬人之中的第一了。

若能像這樣再增加二、三個等級為千人第一的工作，此加乘起來的數值就會變得更大。

即使A協同B的工作市場很小，但還可以有A加上C，或B加上C，又或是C加上D等市場，只要有很多數量的工作可以彼此加乘，能夠感受到你價值的市場數量便會增加。

因此，就算不知何時會派上用場，也要盡可能**備齊許多可以勝任的工作，並保持隨時能充分發揮的狀態**，這點非常重要。

與其一生專精一事，不如發展多元技能

現在讓我用知名電玩「勇者鬥惡龍」來比喻工作試試。

說到勇者鬥惡龍，就少不了咒語，而其咒語可分為水、火等不同屬性。此外，相同屬性的咒語還會有等級上的差異。例如火屬性的美拉系列咒語包括「美拉」、「美拉米」、「美拉佐瑪」、「美拉蓋亞」等，強度等級依序遞增。

試圖依序從「美拉」到「美拉米」，再從「美拉米」到「美拉佐瑪」一路升級，就相當於在工作上以成為火屬性之美拉系列咒語的專家為目標。

在很重視火屬性咒語的職場，這樣想必是無人能敵。但要是環境改變，狀況會變得如何呢？如果出現了不受火屬性咒語影響的新敵人呢？即使是面對新的敵人，有時候當你念出冰屬性最低等級的咒語「夏德」便能夠順利打倒它，但這時如果你只會使用火屬性咒語的話，遇到這樣的對手也是束手無策。在環境發生劇烈變化之後，才想到應該要培養更廣泛的技能，終究是為時已晚。

我自己在Toyota工作時，徹底鍛鍊出了邏輯性的問題解決能力，儘管這對功能性的價值提升來說是必不可少的能力，但在製作一般人看的電視節目這種情感性的方面來說，不太派得上用場。換句話說在TBS，最高級的邏輯性咒語還不如一般的情感性咒語好用。

因此，你必須努力學會多種屬性的最基本咒語。特定屬性的最高級咒語，往往是以能夠念出所有屬性的咒語為基礎，要先達到最低標準，才能夠在某個領域發光發熱。

某個單一領域的專家，在其它領域也不過是初學者而已。一旦因經濟趨勢或科技變革而喪失以往專精的領域，就必須以初學者的身分從零開始找到立足之地。這風險實在是太大了，簡直就如同毫無裝備的新手玩家一樣。

”別只是在狹隘組織中成為備受重用的專家，而是進一步培養出可通用於廣大世界的多種能力。“

依喜好選擇第二把刀

我想你應該已經明白，現在這一刻令你感到厭惡的工作，有可能成為你未來的武器，變成對你而言的第二把、第三把刀。

不過，你也可以在被分配到討厭的工作之前，就先試著自行取得第二把、第三把刀。

這時，就從目前非主要的工作中，選個你喜歡的工作。因為熱情會引發連鎖效應，讓人想要繼續下去，進而希望自己能夠勝任這個工作。

但自行主動選擇時，往往也會碰到因選項過多而不知該選哪個好的問題。

從自己的興趣或喜好來發展其他技能

其實，對於自己能否突然踏入資料科學的領域，我當初也沒什麼信心。搞不好會迷失在現在看來已徹底過時的技術中也說不定。

然而幸運的是，以我的情況來說，主管指派給我的統計分析這一課題，很適合想要透過數據資料來思考事物的我，也就是說，正好與我的喜好重疊。

或許是主管辨識出了我的這種特質，所以才指派了這樣的工作給我。而最終，我在以全 Toyota 集團三十萬人為對手的競賽中，成功獲得了優勝。

別急著去拿第3把刀

雖說希望你能不斷增加第二把、第三把刀，但在第二把刀確實到手之前，不建議你貿然出手去拿第三把。

畢竟大多數人都無法同時專注於好幾件事。待第二把刀有著落了，再追求第三把就好。

當然，這也意味著，在第一把刀還沒拿穩的情況下，也不該伸手去拿第二把。
雖然能同時學會的話，感覺似乎很有效率，但其實那樣往往會讓人在各個方面都只是半調子而已。

這世界需要的是二刀流

說到二刀流，現在的熱門話題都與大谷翔平有關。以他來說，努力的質和量當然不用說，還有卓越的身體能力支持著他的二刀流。因此，並不是所有人都可以成為像大谷那樣的二刀流選手。

不過，他成為二刀流的方法倒是非常值得參考。

據說大谷翔平剛開始打棒球時，是擔任投手的位置。他從小的投球球速就很快，顯然具備身為投手的出色能力。所以，大谷應該也能以投手的身分，把一刀流發揮到極致才對，但實際上他卻發展出了二刀流。

我認為，大谷並不是自己選擇成為二刀流的。當然，轉成職業選手以後，想必他是依其自身想法而開拓出了自己的道路，但在童年時期，他應該就是個「打擊次數過多的投手」。

以高中棒球的明星球員來說，打擊次數過多的投手，亦即為王牌投手兼第四棒打者的例子並不少見。不過一旦轉入職業，這些人多半都會專注於擔任投手或打擊手（野手）。畢竟，即使是在高中棒球的等級中作為王牌投手兼第四棒打者的人，若是成為職業球員，除非專注於其中任一方，否則其實力通常不足以存活下去。

但大谷翔平的情況，則是他周圍的人都比他本人更清楚看出其在職業世界也能成為王牌投手兼第四棒打者的潛力，所以他才能夠挑戰成為二刀流，而實際上他也真的成了投打兼具的出色球員。如果沒有認可其二刀流能力的球隊，現在的大谷，應該只會專注於擔任投手或打擊手其中之一。

我想說的是，因為這個世界需要，所以保持二刀流的大谷翔平才會誕生，也才會存在。

把這個例子替換為一般的工作來看的話，我認為，**你要成為什麼樣的二刀流才能獲得這世界的認可，是由這世界所決定的。**要是你自行決定了要成為「Excel和企劃能力的二刀流」，但這世上並不需要該領域的二刀流，亦即這樣的二刀流無法讓世界感受到價值的話，它便無法成為市場上的賣點。

但若是一點一滴地逐漸增加能使用的刀，那麼很可能就會有意想不到的二刀流組合得到他人認可。我們所能做的，並不是取得百發百中的第二把刀，而是一步步逐漸增加第二把、第三把某天或許能派上用場的刀。

目標是成為「如佐田雅志般的」全才

說是要成為二刀流，但對大多數人而言，要成為像大谷翔平那樣是很難的。畢竟要能讓兩把刀都達到和一刀流的人相同程度絕非易事。

因此，大谷翔平難以成為可供人模仿的榜樣。那麼，我們該以誰為目標才好呢？我認為佐田雅志是個好選擇。

佐田雅志是一位一流的音樂創作者，這點應該沒人會有異議。除此之外，他還是歌手、演員，是作家也是旁白配音員，更是知名的廣播電台主持人，相當多才多藝。

若只看唱片的銷售量或演唱會的觀眾人數，比佐田雅志更厲害的音樂人還有很多。在演員、作家等領域想必也同樣如此。

但在這些領域都能發揮出一定的水準，就是佐田雅志最大的武器。

而且還不只是這樣而已，請去聽聽看佐田雅志的演唱會。他總是妙語如珠，甚至具備能讓觀眾發笑的說話技巧。我認為正是這樣的多元多樣，成就了佐田雅志的獨一無二。

你所該瞄準的目標，正是如佐田雅志般的二刀流、如佐田雅志般的多才多藝。若是畫成雷達圖，你要追求的不是那種只有某個點特別突出的類型，而是要追求整體形狀接近圓形，但圖形面積很大的那種。當然，佐田雅志擁有超一流的音樂能力作為武器，但他與其他音樂人的不同之處，便在於他還擁有其他的多元技能。

而這樣的觀念，比起在演藝界，我們更應該要運用在商場上。如此一來，身邊的某人便會任意組合某兩個點，讓你成為二刀流。

「喜歡」要用動詞來判斷

接著，思考一下你喜歡的是怎麼樣的工作呢？

行銷、業務、產品開發、銷售、程式設計、企劃……工作有很多種，但就尋找第二、第三把刀來說，這樣的分類方式並不是很恰當。

因為當你覺得「我喜歡企劃，就讓企劃成為我的第二把刀」時，企劃一詞所指的範圍太廣，要花許多時間才有辦法全面習得該技能。

此外，還有另一個理由，那就是——從這樣的名詞中無法清楚看出你真正喜歡的是什麼工作。

例如，「我喜歡看電視」。

這樣的人進了電視台是否就能充滿熱情地奮力工作，這點值得懷疑。因為喜歡「看」電視的人不見得也喜歡「製作電視節目」或「錄影拍攝」。

像是「我喜歡穿搭」也是如此。

若只是喜歡換穿各式各樣的衣服、喜歡買衣服的話，是無法從事服飾業的。但若是喜歡考慮服裝的搭配組合、喜歡自己設計衣服的話，可以做的工作就很多，也能樂在其中。

所謂企劃工作，也可細分為多種不同的作業。

提出創意點子是企劃，寫企劃書是企劃，做簡報是企劃，把人聚集起來是企劃，規劃財務或時間表是企劃，發起合作是企劃，在現場主持是企劃，排除意外事件也是企劃。

在這樣被稱做企劃的工作中，你喜歡的是哪個部分呢？這是必須好好思考的。

同樣都說「我喜歡企劃」的人，他們每個人所說的「企劃」在很多時候也並不完全一致。有些人認為提出創意點子是企劃的精髓，有些人則覺得重點在於聚集人潮，也有人認為帶動現場氣氛才是真正的企劃。

因此，若你覺得你喜歡企劃的工作，那麼請再仔細想想你是喜歡其中的哪個行為？也就是說，你喜歡的是哪個**「動詞」**？

是喜歡「提出」創意點子？「寫」企劃書？「做簡報」？把人潮「聚集起來」？「規劃」財務或時間表？「發起」合作？在現場「主持」？還是喜歡「排除」意外事件？

像這樣試著以動詞來分析，自己真正喜歡的到底是什麼應該就會變得更加清楚且明確。

判斷熱情所在的方法

做無聊事情的當下，總感覺時間永無止盡，在做喜歡的事情時，則覺得時光轉眼即逝。一旦專注於某個事物，時間就過得特別快。

如果沒辦法用動詞找出自己喜歡的事，不妨想想看，有什麼事會讓你沉浸其中而忘了時間——那個就是你喜歡的事。

與「討厭的工作」相反，即使很忙還是一不小心就接了下來的工作，以及發現被指派給別人時，心中覺得「我好想做喔」的工作，都是你喜歡的，也是適合你的工作。

而在討厭的工作中，當然有一些是令人出於本能地、反射性地想開口拒絕的工作。像是會說出「我真的非常討厭Excel」、「我沒辦法打電話給不認識的人」等等。

如果這些「討厭」、「沒辦法」是偏見，我認為或許至少嘗試個一次也好，**但**

若嘗試過後依舊討厭的話，就表示該工作不適合你。

正如每個人與企業文化的合適度都不同，每個人和工作的合適度也不太一樣。我們不需要勉強自己去做不適合的事，更沒必要這樣艱苦修行。而相對地，對於能夠專心投入的、適合自己的工作，則應要毫不妥協地全力以赴。

第3章的總結

其　實

- 在討厭的工作中，有些可能會為自己帶來好處。

因　為

- 你不會知道怎樣的技能會對自己有益。
- 若只做自己喜歡的工作，能用的武器就會聚集在某個方向。

所以不要

- 只專注於目前的工作。
- 對工作講求CP值、TP值。
- 只磨練同樣的咒語。

而是要

- 以姑且一試的態度面對新工作。
- 別以全國第一為目標，要努力成為千人中的第一。

總之就是

- 覺得討厭的工作也要嘗試一次看看。

第4章

有些事情非得「換公司」才看得到

異文化

長期持續工作，是未來的常態

本章

適合這樣的人閱讀

↓

職涯突破

- 想逃離討厭的工作
- 希望增加收入所以想換工作
- 希望以往的經驗，能在換工作時派上用場
- 習慣利用求職網站來換工作

「前輩，我想和你請教一下。」

怎麼了？有話就說，別客氣。

「跟我同梯的同事好像要換工作。好不容易進了一家不錯的公司，這不是很可惜嗎？」

是好公司嗎？你不是一天到晚被分配到令人討厭的工作？

「話是這麼說沒錯，但這行業很穩定，我們公司在業界又相對規模較大，福利也很不賴，比起換工作有可能換到更差的環境，還不如繼續待在現在的公司比較妥當。」

所以你是這樣想的。但要是公司倒了怎麼辦？

「不會吧，有必要這樣嚇我嗎？公司倒掉這種事，我想都沒想過。」

你打算工作到幾歲？

「六十五歲。因為退休年齡是六十五歲。」

我覺得事情應該沒那麼順利喔。我想你這個世代大概會工作到八十歲左右。

「欸～這意思是，我還要再工作五十年左右嗎？天啊！」

你能想像五十年後的世界嗎？

「無法想像。我只覺得應該會比現在方便很多吧。」

那，你覺得五十年前的人，有想像到這世界現在變成這樣子嗎？

「五十年前的話，就是一九七〇年代前半。那時好像是發生了能源危機？」

的確，那是一九七三年的事。舉個例子好了，一九六九年SHARP剛推出了售價不到十萬日圓的電子計算機。

「電子計算機？在那之前要價超過十萬日圓嗎？真是太扯了。今天在百元店就可以用一百日圓買到了。」

一九七五年SONY推出Betamax，一九七六年之後日本勝利（現在的JVCKENWOOD）及松下電器產業（現在的Panasonic）等則推出VHS規格的家用錄影帶系統。

「錄影帶？是DVD播放器問世之前的產品嗎？」

對對對。那時別說是家用DVD播放器了，既沒有個人電腦，也沒有手機，更別說是智慧型手機，當然也沒有網路。

「我完全無法想像那樣的生活。當時的人，肯定也無法想像現在的生活吧！」

是啊。所以你肯定也想像不到自己八十歲的時候，世界會變成什麼樣子。

「那應該要先做點什麼樣的準備才好呢？」

換公司是「必要」的事

討論換公司這件事到底是「做比較好」還是「不做比較好」的時代已結束了。

那樣的討論，是屬於換公司的人為少數，或者做與不做的人勢均力敵的時代。

但今後，絕大多數人都會換公司。

其主要理由就是，終身雇用制與年功序列制（依據年資來升遷、加薪）等系統已經崩壞。

首先，應屆畢業生不一定能順利成為正職員工，就算成了正職員工，該公司也撐不了五十年，就算撐了五十年以上，薪資和工作動力也不會明顯增加，由於這些狀況並不少見，因此，今後應屆畢業即就業的人，能在同一家公司一路做到退休才是罕見的例外。

所以說，換公司會漸漸變得理所當然。不再是「做比較好」還是「不做比較好」，而是會變成「非做不可」了。

那麼，在這樣的時代，換公司具有什麼樣的意義呢？

今後，所謂的換公司，不再只是改變所隸屬的單位或組織而已。**而是要在新的組織中，為自己創造出新的職位。**不是任職新公司的崗位，也不是被新公司指派某個職位，而是要在新公司裡自行創造職位。

所以，並不是換了公司事情就結束。相反地，是換了公司後一切才正要開始，我們得創造出新的職位才行。

若能擁有這樣的心態，即使再怎麼換公司，在前公司的職位也不會成為過去式，而是能實實在在地成為你無可取代的經歷。

透過換公司來體驗不同的文化

任何組織都有其獨特的文化。就算是在同一個業界，每間企業的文化也都不盡相同，就算隸屬於同一集團，文化依舊會依公司而異。

儘管自認為理解這個道理，但終究還是脫離不了「自以為理解」的範疇。

所謂的企業文化不同，就代表其中的常識不一樣。在某家公司裡常見的做法或說法，很多時候在別家公司裡可能會令周遭大吃一驚。

雖說這是只要習慣並予以修正即可的事情，但重點在於要透過體驗，來理解你現在所任職公司的文化與常識，並不等於整個社會的文化與常識。

如果不透過體驗以理解，便會無法尊重其他公司的文化，很可能會因堅持自己公司的做法而引發困擾。

甚至還會被視為不願意理解其他企業文化的麻煩人物。這難道不是一種損失嗎？尤其是將來打算獨立創業、想成為經營者的人，更是該要早點親身體驗每間公司的企業文化並不相同這件事。

只知道一間公司的文化就獨立創業，而試圖沿襲該文化的結果，便是會讓周遭的人覺得你缺乏彈性。

這樣的問題，只要透過換公司來實際體驗不同的企業文化，即可輕鬆避免。我想，一直待在同一家公司也是有其獨特的美學存在，但現在這時代的社會趨勢是以換公司為前提的。因此，就彈性及適應力來說，想必換公司的經驗反而會變成工作者的加分條件。

人事異動無法取代換公司

換公司的門檻高，所以想調到公司內的其他部門來挑戰新事物。
或許也有人會這麼想。但其實，人事異動並沒有辦法取代「換公司」的效果。

因為就算換了部門，企業文化也不會改變。
反而還很容易讓人誤以為自己「在新部門體驗到了不同的文化」。不論看起來有多麼不同，你還是在同一家公司內，在裡面所醞釀出的文化還是一致的。

不過，如果人事異動的目的不在於體驗不同的文化，而是為了成為公司內部的通才，或是想體驗看看不同部門的工作，也是不錯的選擇。

但成為公司內部的通才有多大意義呢？

雖然成了在公司內備受重用的人，可是一旦公司的框架崩壞，你所獲得的技能和花費的時間都將徹底白費。以成為公司內部的通才為目標，就是這麼高風險的行為。

當然，想體驗看看不同的部門並不是壞事。

只不過，反正都要轉調了，乾脆就連公司都換掉，而不只是換部門，這樣不僅能獲得更有價值的經驗，對公司外部的人來說也更具吸引力。換言之，**比起人事異動，換公司的TP值和CP值都更好。**

那麼，你還要堅持選擇人事異動嗎？

今後的社會人士將經歷八家公司

不久前，有個調查結果成了熱門話題，該調查顯示日本的正職員工至四十歲左右為止，約有六成的人曾經換過工作[1]。至於換工作的次數，據說五十幾歲的人約有一半達到了三次以上。

對於這樣的數字，你有什麼感覺？

我還覺得還太少了。因為我認為，在今後的世界，直到職業生涯結束為止，每個人或許要換到八間公司左右。而且我覺得，從未曾換公司到換公司八次為止的過渡期早已過去。

以一個人要工作五十年來說，八次就是指每六到七年就要換一次公司的意思。

你的情況又是如何呢？

為什麼我會認為換公司工作將變得更頻繁、變得司空見慣？這是因為，今後在這世上，**繼續留在同一家公司工作會變成一種極大的風險**。

當世界的變化加速，本來應能工作一輩子的公司因跟不上趨勢而下台一鞠躬的時間會更加縮短。若一家公司沒了，或許只要換去同業的其他公司即可，然而這個產業有可能整體大幅縮小，甚至是完全消失。

也就是說，即使本人沒有想換公司，但卻被迫陷入不得不換公司的窘境，發生這種狀況的可能性比以往高出了許多。

舉個例子來說明，過去廣播曾一度是傳播界最引人注目的工作，可是當電視粉墨登場之後，其主角光環便立刻被搶走。然後本應是主角的電視，現在又出現了Netflix及YouTube等影音服務平台這樣的對手，彼此為了生存下去而展開激烈的競爭。這樣我們就不難理解時代變遷所帶來的影響了吧。

1 根據瑞可利《與就業者之工作轉換及價值觀等有關的實際狀況調查2022》。

沒換過公司的人令人害怕

假設你在人事部門負責聘雇轉職者。有兩位職涯履歷十分相似的人來應徵同一個職位。

由於履歷非常相似，所以你不確定該選哪一位才好。不過這兩人中，有一位有過換公司的經驗，另一位則沒有。到底該雇用哪一位呢？

答案是，有換過公司的那位。

理由在於，**有換過公司的人，往往具備了適應新文化的經驗。**

對於聘雇方來說，沒有什麼比這更令人安心的了。負責聘雇轉職者的人最怕的就是所聘雇的人「進來後發現不適應這裡的公司文化」，結果很快就辭職。不論所雇用的人其履歷有多麼傲人，一旦辭職，一切都是白費功夫。

但儘管如此，負責聘雇的人並不會因此就在面試時詢問：「你能適應我們公司的文化嗎？」或許是覺得就算問了，對方也不會正面回答，又或是根本沒意識到提出此問題的必要性。

所以，不論是否有意識到，他們都會試圖從應徵者過去的經歷中找出他是否具備這種彈性。若是從這樣的觀點出發，一直以來只待過一家公司而從未跳槽過的人，就可能被視為缺乏彈性或靈活度的人物。

在換公司時，我也曾接受過面試，當時的確覺得比起我的技能與經歷，聘雇方其實更想確認我能否適應他們的企業文化。

有過跳槽
經驗的人
具備一定的
彈性
能更好地適應
新的公司文化

是無法適應這裡的企業文化，還是不適合？

前面我們討論過企業文化有適合、不適合的問題，而任何人都可能遇上無論如何都合不來的文化。

這是一個人天生的性格與長時間培養出的公司文化之間的合適度問題，並非任一方的錯。

正因如此，所以明明不適合這裡的企業文化卻強迫自己去適應，以致於吃盡苦頭的例子也相當常見。

因此，沒必要去適應不適合你的文化，也別選擇不適合你的企業文化。

”要在不同的文化中，
選擇跟自己合得來、似乎有辦法融入的企業文化。“

如果感覺到自己與現在的公司好像有些格格不入時，你必須仔細評估衡量，是只要發揮自身的彈性就能慢慢適應？還是不論再怎麼努力似乎都辦不到？

面試時應該展現出真實的自我

實際上，文化差距處處可見。

而這種現象其實最常見於應屆畢業生就業時。

在我看來，大學生都把找工作當成打電動一樣，總是想著要努力破關。彷彿是為了弄清楚如何才能開啟通往另一個世界的大門而絞盡腦汁、奮力搏鬥。雖說這樣享受求職的心態確實很棒，但也不免令人擔心是否會因過度沉迷於「遊戲」**而忘了要保持真我**。

例如，在面試中被問問題時。是否明明自己不那麼認為，卻為了「這是能打開大門的咒語」說出對方想聽的答案，而非心中真實的想法？

這樣確實能在面試之戰中獲勝。也可以在求職遊戲中取得好成績。

儘管求職結束就相當於這場遊戲結束了，但就工作的角度而言，這是一切才正要開始的起跑線而已。

即使以不同於真我的樣貌站在那條起跑線上，也會很容易因為公司與真實自我之間的差距而感到痛苦。

所以面試時，還是以真我來應對比較好。

而若你在剛畢業求職時，沒能以真我示人，那麼至少在跳槽換公司時要展現真實的自己，以免因為彼此間的認知差距而帶來的不必要的痛苦。

一時的敷衍假扮確實能讓你得以度過難關，但其效果無法持久。留下的只有敷衍假扮的自己與真實自我間的差距。這差距的存在，會讓你遭受折磨，也會導致組織陷入不幸。

要一點一滴地填補與真我之間的差距

與真我之間的差距，能夠不要有是最好的。一旦有了，之後受苦的還是你自己。若無論如何就是產生了差距，那麼只好花時間一點一滴地把它填補起來。

如果在面試時回答「面對任何工作我都會全力以赴」，進了公司後對於各種工作也都展現出積極幹勁的你，突然說出「這工作到底有什麼意義呢？」這種話時，周圍的人肯定會大吃一驚。

所以要多多溝通交流。**要問候、打招呼，要裝傻。**

記得透過打招呼這種溝通方式來讓周圍的人認識你。若覺得自己不可能完成被指派的工作，請別忍耐也不要只是咬牙承擔，而是要好好表達並予以拒絕。在開會等場合可以主動用裝傻的方式來發言，好讓大家知道你是「在想這種事情的人」。

在做這些事情的過程中，周遭便會逐漸對你產生出特定印象，覺得「原來他就是那樣的人」。

因此而留下的印象，或許與總是笑瞇瞇地接受一切的開朗可靠理想員工形象相距甚遠，但那才是你的真我。而展現真實的自己，正是讓真我與企業文化漸漸邁向一致的第一步。

長期持續的工作力比明年的年收入增加更重要

說到換公司，很多人都會在意收入的部分。也有一些人會想：「換公司就是為了要增加收入。」

但就如前面提過的，需要換公司往往是因為別無選擇，而且有無轉換公司的經驗對於之後能否繼續工作下去也有極大的影響。

今後的時代，人必須長期持續工作才能活下去。並不是做到現在所說的退休年齡就結束了。

為了要能長期工作下去，就要有對應的技能與履歷，**更重要的是必須具備能融入企業文化的彈性與適應力**。這些都要靠換公司來培養，若是不換公司，就會永遠只擁有僅適用於特定一家公司的技能，會變得越來越頑固或死腦筋。

換公司是為了累積這些能力，不是為了讓明年的收入增加。所以，年收入降低不該成為你不換公司的理由。

更何況為了短期內的收入增加而換公司，很可能會讓你陷入痛苦。為了錢而換公司，就等於是在工作上以薪水為最優先考量。若是這麼想，即便對文化不那麼適應也會試圖忍耐。你可能會為了錢而偽裝真實的自己。別說是成為長期職涯的一部分了，這樣做只會毀掉你的職業生涯。因此，絕對要小心避免才行。

短期收入的增長並非唯一指標

你應該要重視長期收入甚於短期收入。

只要能發揮換公司的經驗長期持續工作，就算年收入稍微降低也足以彌補。能在培養彈性與靈活度的同時增加年收入當然最好，但把條件設定得如此嚴苛會讓換公司的門檻變得太高。

千萬別迷失方向，也不要忘了換工作本來的目的。

就像商業經營上有表示單一年度經營業績的PL（損益表），也有表示多年累積下來之資產狀況的BS（資產負債表）等指標，在換工作時，也請務必試著以看待BS的長期觀點來採取行動。

認為不換公司比較穩定的價值觀已過時？

一旦換公司，而且是在年收入降低的狀態下換公司，有時可能會遭到家人反對。正如前面所說明的，就算這樣你還是應該要換公司。不過話雖如此，我也能理解不希望被身邊的人反對的感受。

如果家人擔心經濟基礎會因此動搖，那麼請好好說明為了長期保有經濟基礎，就必須要換工作才行。許多認為不換公司比較穩定的人，多半都是受到過去的價值觀所束縛。

尤其是在採取終身雇用制與年功序列制的公司做了一輩子的那個世代的人，以及受該世代影響很大的下一代，往往會對換公司這件事持否定態度。

但該世代否定換公司這件事的根據，已經變成過去式了。其論點僅是基於受終身雇用制保障的人曾有過一段美好時光而已，這些人可能根本無法解釋西方的職業觀。

更何況，即使在日本，今後的時代也和過去截然不同。

在完全不一樣的環境中，過去的常識和策略是行不通的。

要在接下來的時代生存，就必須展望未來，針對之後如何才能夠長期工作下去這點，自行採取策略性的思考。像這樣深思熟慮，和盲目聽信前人說法可是完全相反。

如果突然換工作讓你感到害怕

若你還是覺得換工作很可怕，無法跨出那一步的話，那麼我建議你可以試著**發展副業**來體驗與目前公司不同的文化。

在這種情況下，收入也不是重點。重點在於體驗你未曾做過的工作。

因此，為了增加收入而開始投資理財之類的事，並不算是這裡所說的副業。還有平常在公司裡寫程式的人，週末以個人身分接程式設計的外包工作來做，這種也不算。

選擇副業時，和換公司時一樣，應該以企業文化為基本軸心。

此外，為了培養彈性而選擇副業還有另一個重點。那就是，**要選擇能與某人一起透過團隊合作來進行的事**。

像剛剛說的在週末接程式設計的案子那種一個人就做完的工作，無法讓人充分沉浸在新文化之中。

請不要選這種副業，而是要盡量選擇人際關係密集的工作，以便感受到不同文化的洗禮。副業收入不過是這種難能可貴的經驗所附贈的獎勵。

千萬別把贈品當成了主要目的。

能見到二十個人就能瞭解其文化

先前我一直強調，換公司時應該要選擇自己能夠適應其企業文化的公司，那麼如何能夠在換公司前瞭解該公司的文化呢？

瀏覽該公司的徵才網站、查看在其中工作的人的社群網站內容、閱讀及研究各家公司的書籍等資訊，方法有很多，但最確實有效的，還是去見一見在該公司工作的人，見個面聊一聊。

只見一、兩個人或許靠不住，但若能見到二十個人左右，就能確實瞭解該公司的文化。

● 要見到二十個人並不是那麼困難的事

過去，要和特定公司的人見面談話，光是要能約到都不容易，但現在有社群網站出現了。你不必說是因為你想換公司，只要以對其公司或工作有興趣為由試著約約看就行了。有些人會拒絕，但應該也有一些人會願意見面聊聊。藉由這種方式，只要約到了第一個，就有機會請對方介紹下一個。

要見到二十個人需要花相當多的時間。一旦決定要換公司後，可能就會陷入一種這段過渡期一直持續，似乎沒完沒了的錯覺。

所以，換公司的相關準備，最好從意識到要換公司之前就開始進行。

也就是說，要像我接下來敘述的這樣。

一邊做著目前的工作，一邊和自己有興趣的公司的員工見面聊天。不必嚴肅地想著這是在準備跳槽，當成是在蒐集資訊或探索興趣、開拓人脈的話，或許會比較輕鬆一點。而若是對特定公司的文化有了一定程度的理解之後，想進入該公司工作的話，就正式展開換公司的程序。

總之，不是因為要換公司才進行相關的準備，而是平常有在進行與換公司有關的活動，所以才能順利跳槽。

避免經由獵人頭公司或推薦雇用

由於是因為有在一邊進行換公司的相關準備才能順利跳槽，所以無法選擇讓獵人頭這種人力仲介來替你找新公司。

基本上，透過獵人頭無法事先充分預習新公司的文化，所以換公司後，很可能會因為文化差距而陷入痛苦，然後就忘了自己到底是為了什麼而換工作。

此外，我也不太建議採取推薦雇用的方式。畢竟依據中間的推薦人不同，雙方在傳達對公司文化的印象、對你的印象時，可能多少會有出入。

在取得公司相關資訊的準確度方面，在不以換公司為前提的單純狀態下，也就是不知不覺地認識了大約二十個人左右時，準確度較高。更何況重點主要在於新公司的企業文化和自己的合適度，所以終究應該要親眼見識、親耳聽到，再做出判斷才好。

我跳槽到TBS時，沒透過獵人頭公司，也不是靠推薦雇用，是看到TBS網站上的徵才資訊就去應徵了。別覺得那家公司應該沒在徵人，試著連上他們的徵才網頁看看，搞不好就會意外發現一些線索也說不定。

沒應徵上只是因為他們覺得你「不適合他們的文化」

見了二十個人後決定「就是這家」，再從相當於該公司大門的徵才網頁直接應徵的結果，你依然有可能會在面試時被刷掉。

但這是沒辦法的事。以自己真實的一面接受面試而未被錄取，就表示該公司認為「這個人不適合我們的企業文化」或者「能力不符需求」。就算他們的判斷是錯的，對於那樣的判斷標準和價值觀，你也無能為力。

但是他們並沒有否定你的人格，也不代表你有什麼嚴重的缺點。

只要想著看來彼此不合適，或這次沒有緣分，然後繼續放寬心尋找下一家即可。

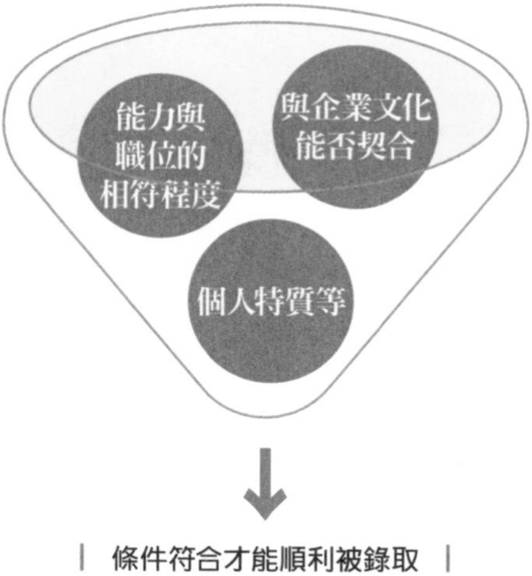

| 條件符合才能順利被錄取 |

更何況在面試的時候被刷掉，從某種意義上來說是幸運的。**最糟的情況莫過於一不小心進了公司後才發現「其實不適合」**，所以要樂觀地覺得自己很幸運地避開了最糟的情況。這麼想來，像這種和面試官談話過後被刷掉的狀況，就某種程度來說，或許反而保護了你也不一定。

來時風光，離職時更要走得漂亮

要換到別家公司，就必須從現在的公司離職。

一般來說，離職應要在從離職日起算的兩週前，就對公司表達離職意願才行（編注：按台灣勞基法規定，工作滿三年以上者，應於三十日前預告）。

但突然來一句「不久後我就要離職」，可是會嚇到周遭的同事和主管，讓他們不知所措。在某些情況下甚至會激怒他們，說不定還因此落得不歡而散的結果。你過去的貢獻甚至可能會毀於一旦。

有離職過的經驗你就會知道，並不是離職之後就跟該公司再也毫無瓜葛。反而正因為是過去的同事，故能成為你商量的好對象，可以為你提供意見等等，你們之間可能會形成其他方法所無法獲得的連結。

那是只在一家公司工作絕對無法取得、既多且廣的強大人脈。不，這甚至是不存在直接利害衝突的人際關係。也是只有不斷換工作的人才能獲得的寶貴資產。所以，離職務必要力求圓滿。

與同事主管間保持良好關係

而這部分則得從平常的溝通交流做起。

要意識到彼此之間是在你表達「我要離職」的意願時，對方會說出「真可惜，等你一切上了軌道後再見個面吧」這種話的關係。

這並不難。就和尋求工作的意義時一樣，別站在針鋒相對的立場，而是要肩並肩地和對方一起商量，告訴對方你正煩惱著不知是否該繼續現在的工作。

包括這部分在內，也就是前面一再提醒大家的，要讓對方理解真實的你。

第4章的總結

其　實

- 別以為不換公司也能持續工作下去。

因　為

- 你的職業生涯比公司的壽命還長。
- 不換公司就無法長期工作下去。

所以不要

- 努力培養只在一家公司內有效的生存能力。
- 深信一家公司的文化就是所有公司的企業文化。

而是要

- 跳進價值觀相符的新文化之中。
- 培養換公司的經驗以作為武器。
- 平常就進行與換公司有關的準備。

總之就是

- 我們已經來到在面對眼前工作的同時，展望多次轉換公司的時代。

第5章

自立門戶前先出國去看看

彈性

比出國念 MBA 更重要的事

| 本章 |

適合這樣的人閱讀

↓

拓展視野

- 覺得只有少數傑出人士能在國外工作
- 自認和外資企業沒緣分
- 事到如今不想再努力學英語
- 以為就算不會英語，也能靠AI搞定

「前輩，我想和你請教一下。」

怎麼了？有話就說，別客氣。

「聽說我有個大學同學去國外攻讀MBA。也難怪，畢竟他一直以來都很優秀。只有傑出人士能夠出國但不是去旅行或出差的，你說是吧？」

我不這麼認為耶。今後，出國會變得更稀鬆平常，基本上，就算是在本國工作，外商公司的存在感應該也會變得越來越強。

「是這樣嗎？但無論如何，都跟我無關就是了。在國內土生土長，又在國內學校受教育的我，比較適合國內的企業。」

也許吧。但所有的本國企業都會永遠一直經營下去嗎？

「嗯……不久前的我或許這時已經回答『會吧』，但跟前輩你聊過後，現在的我覺得『可能不會』。」

也就是說，有可能某天會到外商公司去工作也說不定。

「對啊。」

公司內部的通用語言也許會是英語呢。

「欸～那可就糟了，我的英語很爛耶。不過最近AI技術很發達，已經可以即時自動翻譯了，就算不會英語可能也沒什麼關係吧。」

在工作方面或許行得通。但為了讓別人瞭解自己，同時也瞭解對方，語氣上的細微差異就很重要，透過AI翻譯來進行對話恐怕是行不通的。

「這麼說來……我也該鼓起勇氣去留學比較好嗎？」

若是要出國，我覺得去留學不如去工作。

「欸？可是，留學的話可以拿個MBA學位之類的鍍個金，但工作的話，雖然在工作期間有薪水可拿，但就得不到什麼其他的好處，不是嗎？」

在國外也可獲得所謂的實務經驗，那可是任何事物都難以取代的。而且，這還證明了你能適應國外的企業文化喲。

「或許吧……但，前輩你沒在國外工作過對吧？」

就是沒有才這麼說啊。我沒打算跟你說只要照著我做過的去做就行了，畢竟時代不同嘛。我這一代的人，就算沒有海外經驗，也有辦法做到現在，但我認為今後可就沒辦法了。

為什麼「有能力的人」都會去國外？

首先要澄清一下，我本人並無在國外工作的經驗，所以無法採取「我有試過，所以我說的不會錯」這種建議方式。儘管如此，我還是認為若有國外的工作機會就該去，若是沒有，也最好努力製造那樣的機會。

公司不同，文化也不一樣，而國家不同，文化之間的差異就更大。正是在國外工作，才能一邊工作一邊體驗那樣的極端文化差異。

即使所做的職務內容和在本國企業工作時一樣，其他部分也完全不同。現在我已自行創業，也很積極地拓展對外國公司的管理顧問服務。從文化的觀點來看，外國公司和本國企業不論在合約書還是工作的處理方式上，都大不相同。

可能有一些人深信，只有被公司推薦的優秀人才，才能去國外工作。但我覺得**這是個能在國外工作的人會變成優秀人才的時代。**因為若是能在國外適應新的文化、適應國外的新企業，就表示具備高度的彈性與靈活度，也會被周遭的人視為是具備這種能力的人才。

與其被外派到國外，不如直接到海外公司工作

所以，說得誇張點，其實不必太講究在國外工作時到底做的是什麼。重要的是在不同的文化中生存下來這點。

社會人士一旦住在國外，有些人就會覺得應該是被調派到國外工作或是去念ＭＢＡ。但其實被調派到國外工作沒什麼意義。因為雖然地點在國外，可是公司的文化仍然是一樣的。

當然，當地也有其獨特的文化。但那不過是一種變種型態罷了，無法提供截然不同的觀點或想法。反正都要去國外工作了，不如把換公司也一併納入考量會更好。

而且，一邊工作獲取收入，一邊累積長期持續工作的經驗值，就這方面來說，MBA的學歷也沒什麼意義。雖說在當研究生的期間或許有獎學金可拿，但除此之外，在收入方面反而會是令人擔憂的。

相比之下，在外國公司工作的好處便不言而喻了。

只有不必工作的人，不學英語也無所謂

近年來，人工智慧的精準度大幅提昇，翻譯軟體及相關工具也比過去進步許多。不管是在出國旅遊或其他方面，靠這些工具便足以讓人在當地享有愉快的時光。

但若是工作，那可就另當別論了。在即時溝通的過程中還得一一透過翻譯工具

來轉達，真的很令人煩躁。因此，無論如何還是需要學會當地語言才行。具體來說，絕大多數的工作需要的都是英語。

所以，**今後對英語能力的需求還是會持續提升**。只有不必工作的人，不學英語才真的是無所謂。

以社會人士的英語學習方式來說，過去都以電視及廣播上的課程為主流，後來英語會話補習班曾經盛行一時，而現在則以線上的英語會話為最方便省事的選項。這種方式能以便宜的價格、在自己偏好的時段，透過與母語人士對話來提升語言能力。

決定學英文的契機

即使是學生時代英語很差的人也不必擔心。英語是一種工具，只要常用就會漸漸知道要如何使用了。我自己在換到第三間公司後，也曾被半強迫地培養出了英語能力。

先前在Toyota、ＴＢＳ等日本傳統企業工作的我，第三間公司則是進了埃森哲。埃森哲是一家外資體系的管理顧問公司。那時突然有個案子，是要和國外的團隊一起聯合進行，而理所當然地，共通語言是英語。

由於在線上會議中一直沉默不語，結果我被主管說「山本，你今天一句話都沒說耶」。我不是不說，我是不會說。

從那時起，我就開始學英語了。所以實際上我不是用磨好的刀開拓出了下一份工作，而是下一份工作逼得我不得不去取得一直以來逃避不取的刀。雖說對過去的我而言，學習英語是我討厭的事情，但我再也不能說它討厭了。

後來，我申請了線上的英語會話課程，一有時間就努力和母語人士交談。結果，不知該說是沒想到還是果然，在這過程中我開始覺得越來越有趣。沒多久，我就不再覺得用英語參加線上會議很困難了。

之所以建議各位學英語，並不只是基於我曾有過這樣的個人經驗。

畢竟一旦會說英語，職場的選擇便會增多。

既可將跳槽到外資企業當成選項，也可以到國外工作。所以英語真的很重要。

不是為了擴大工作選項，而是要體驗更多文化

學會英語，讓職場的選擇變多後，就會為你增添新的體驗，而當一個人可以做更多的事，便會更加受到倚重。

換言之，就是能夠長期持續地工作，不會有太大的困擾或瓶頸。**比起只會本國語言的人，這樣更能避免丟了工作以致於無法生活的悲劇發生。**

這樣寫，看起來似乎是主張要為了擴大工作選項而學習英語，但其實這並不是真正的目的。各位可以試著從「學習英語是為了體驗更多文化」的角度來轉換思考。

而且以日本來說，如果正視今日的日本，並思考未來的世界，各國的外資企業比例今後肯定會持續不斷地增加。這表示，即使你打算一直待在國內工作，也不見得能夠繼續在本國的企業工作。因為不會英語所以想避開外商這種話，只會讓你找不到可以工作的地方，也會浪費掉靠著換公司好不容易才培養出來的彈性與技能。

人生百年時代的「下一份工作」

所謂的下一個長期工作，不見得一定是長期擔任公司的員工。若能在好幾家公司裡，學習過好幾種文化或是磨練好幾種技能，於是成為不僅限於公司內部而是在社會上也十分獨特的存在的話，自立門戶創業應該也可以過得不錯。

而且假設未來要工作到七十、八十歲，到那個年齡還要以公司員工的身分繼續工作實在不太務實。站在比公司員工更自由的位置持續工作應該更為實際。就這樣的工作方式而言，**廣大的人脈與相對應的多元靈活思維，以及扎實的技能等都必不可少。**

反過來說，在這些條件都還沒準備妥當前，最好不要貿然創業。

一旦自立門戶，就理所當然地無法從公司領到薪水了。沒工作就表示沒收入。因此，會需要像是把工作招進來的能力、讓人願意委託工作的魅力等。如果沒有具備這些能力，創業的風險就太高了。

相比之下，換公司的風險可以說是微乎其微。到了新公司，收入依舊會有保障，可以在該保障下挑戰各種新事物。還能作為一個可理解不同企業文化的人，持續累積職涯履歷。不論是只在一家公司持續工作，還是馬上獨立創業，都無法獲得這樣的經驗。

若是要創業，最好還是做足充分準備並等待時機成熟的那天。

人不是非創業不可。若能夠經歷數間公司長期持續工作，也是一種福氣。只不過，像這樣一直工作，便會培養出隨時都可獨立創業的能力，而這可說是一種選擇創業的資格，或是創業的權利。

”

換公司或是在國外工作的經驗，
不管對終有一天將創業的人還是對不創業的人來說，
都會成為寶貴的資產。

“

即使創業，仍會留在手中直到最後的工作

經歷Toyota、TBS、埃森哲顧問公司的我，現在創立了自己的公司，以經營者和一名策略顧問的身分活躍於業界。

自己經營公司讓我深切體悟到的是，經營者的工作就是在做決定。這種決定只

有老闆能做，所以是老闆的工作。

而在這種決定中，也包含了該把哪些事情交給誰處理的決定。我每天都真實感受到某個工作對某人來說很討厭，但對另一個人而言卻是能全心投入、沉迷其中的工作。我認為，一邊觀察工作與人的合適度一邊分配事務，也是經營者所必須扮演的角色。

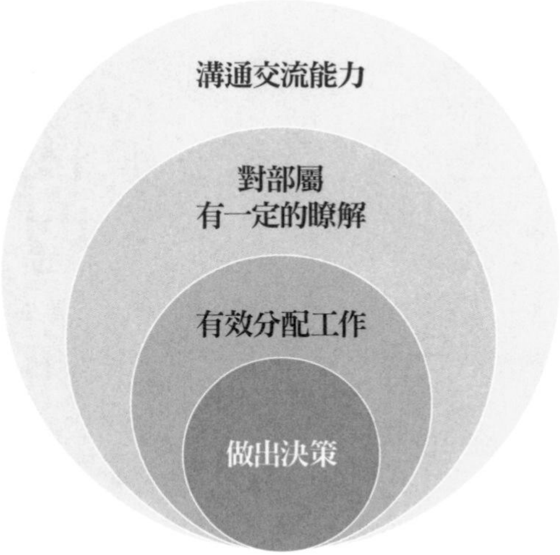

因此，我必須掌握周遭的人分別是怎樣的人、適合什麼又討厭什麼。

到頭來，經營者也是必須具備溝通交流的能力呢。

第5章的總結

其　實

- 去國外工作能夠體驗比換公司更大的文化差異。

因　為

- 除工作之外的文化也都大不相同。

所以不要

- 為了要有海外經驗而去留學。
- 把英語能力全都丟給AI處理。

而是要

- 別只是去國外念書，而是要去國外工作。
- 透過網路等管道學習英語。

總之就是

- 國外的工作經驗是具備彈性的證據。
- 海外經驗是獨立創業的一種事前排練。

第6章

如何應付討厭的工作

隊友

如果還是有討厭的工作，
那就交給別人去做

本章

適合這樣的人閱讀

↓

保持動力

擔心有收入的日子不知能持續多久

無法想像到了七十歲還在工作的自己

想要盡快告別討厭的工作

只想做愉快的工作

「前輩，有件事想問問你的意見。」

怎麼了？有話就說，別客氣。

「先前覺得很討厭的工作，實際做過以後意外開始覺得那工作可能很適合自己也說不定。最近我想換公司試試看，也正朝著這方向做準備。」

很好很好。我支持你。

「經歷過各種公司、文化後，有一天我也想像前輩你這樣嘗試自行創業。一旦獨立創業，應該就能徹底擺脫自己不喜歡的工作了，對吧？」

不會徹底擺脫喔。

「欸？是這樣嗎？那獨立創業的意義不就少了一大半？」

但我有找到足以信任的夥伴，可以把自己覺得討厭的工作交給他，而他也願意擔下來。

「你是說，把自己討厭的工作交給別人嗎？感覺會被討厭耶。」

對你來說討厭的工作，不見得對每個人來說都討厭啊。

「話是這麼說沒錯。但要找到人願意接下對我自己來說討厭的工作，感覺很難。還是需要去參加異業交流會之類的活動以擴大人脈是吧？」

不不不，就算不去參加那些活動，只要以成為二刀流為目標持續工作，並且多換幾家公司，不知不覺地就會建立出人脈了。

「是這樣嗎？」

是這樣啊。然後，也會有人把他覺得討厭的工作轉交給我，而那工作對我來說恰巧是我最喜歡的那種。

「那很棒耶，這狀況很理想。」

要達到這種狀態，就不能死守在現在的公司。

「我想我理解換公司的重要性，但這是為什麼呢？畢竟一直待在同一家公司，比較能瞭解彼此的性格不是嗎？」

其實，有些事情只有在你成為「另一家公司的人」時才看得到。

「真的假的？」

偷偷跟你說，在以前的公司跟我處得不太好的主管，現在可是成了我最堅強的夥伴呢。

「竟然有這種事？」

有喔。所以最好不要在這一刻就貿然斷定「我討厭這個主管」。就和最好不要馬上斷定「我討厭這個工作」是一樣的道理。

要成為能把討厭的工作轉出去的人

越讓你感到厭惡的工作，越有可能會替你開拓未來。正因如此，所以更有必要嘗試看看，這樣才能累積可持續工作一輩子的能力。

但即使具備了再多能力，還是無法徹底斷絕討厭的工作。正如本書一開始所寫的，我既無法八秒內跑完一百公尺，又處於滿手工作的狀態，就算有大案子來找我參與，有時也別無選擇，只能拒絕。
換言之，礙於能力或時間問題而變得嚴苛或不合理的工作會一直存在。

只不過，剛出社會第一年的時候和現在有個絕對性的差異。
那就是，現在腦袋裡會立刻浮現令我覺得「他應該能做到」的人選。

很可惜，我想不到有誰能在八秒內跑完一百公尺，但若是「每天晨跑」、「有在踢五人制足球」之類的人物，那可就一隻手都數不完了。所以，我可以把「挑戰八秒內跑完」的工作介紹給這些人。

而他們多半都會表示感謝，例如「我一直很想做做看這種工作」、「真的可以做這麼開心的工作嗎？」等。

當然，這只是個比喻。總之，**即使是對自己來說只覺得強人所難的工作，也一定有人會表現出強烈的意願和興趣**，反之亦然。

有時，別人介紹過來的工作甚至會令我覺得：「欸？這麼好的工作，真的要讓給我嗎？」想必就是因為在我眼中充滿吸引力的工作，對他而言只是強人所難罷了。

而且能夠介紹合適的人選，也可以讓一開始先來找我的人感到安心。比起直接拒絕，這樣的做法應該能給對方不同的印象才是。

你討厭的主管不見得是你的「敵人」

不斷跳槽換公司，「在以前的工作單位認識的人」就會越來越多。這樣的人脈，以及不同的文化體驗，都是透過換公司所獲得的資產。

在目前的工作上遇到麻煩時得到前同事幫助的例子不在少數。而且越是當初一起工作時不太合得來的人，有時反而越有可能成為你的神隊友。

以我來說，在 Toyota 工作時跟我處得不太好的前主管，現在卻和我成了彼此最強大的好夥伴。明明是在不同的環境裡做著相異的工作，也沒有共同的目標，但不知為何卻能夠互相幫助。很有可能是因為，我看到了留在同一職場時無法看見的前主管的真實面貌。而對方想必也是如此。

因此，就跟別太早判定「這是我討厭的工作」一樣，**「我和這個人不合」這種事也不宜過早下判斷，別太急著把對方認定為敵人。**一旦把對方視為敵人，在今後漫長的職業生涯中，那個人就會一直是敵人。只要不把他們當成敵人，搞不好哪天會在某處獲得他們的幫助也說不定。

畢竟就算覺得合不來，也有可能只是一時的情緒而已。

首先要把眼前「非敵亦非友的人」拉到自己的陣線

在職場上沒有樹敵的必要。但隊友絕對是有比沒有好。

而且大多數人都誤以為自己在職場上沒有敵人，也沒有隊友。這些人認為自己周遭的人都「非敵亦非友」。

但請換個方式想想。其實，你應該要把那些非敵亦非友的人拉到自己的陣線。他們應該要成為你的隊友，以達成公司的目標或實現你的抱負。所以，遇到難關時，應該要借用這些人的力量，反之，當對方有困難時，你也要試著幫他們一把，一邊工作一邊確認彼此是志同道合的夥伴，這樣聽起來真的很不錯。

蒐集戰鬥力和經驗值高強的隊友

以這種想法觀察周遭便會發現，同事確實就是和你立場一致的隊友。是戰鬥力與經驗值都差不多的夥伴。

而主管則是戰鬥力和經驗值（很可能）都比自己高的隊友。

也就是說，有了這位隊友參戰，戰鬥起來便會更有利。相反地，若是讓敵人增加，則會陷入團隊戰鬥力低落、本來不該有的敵人成了阻礙的狀態，會變得相當麻煩。

此外，主管本來就是我們的隊友，向其尋求協助時完全不必遲疑。甚至反而應該要想著，**主管就是為了幫助自己而存在的角色**。

你曾用這樣的角度來看待主管嗎？

主管是強大的隊友。喔不，是要主動把他納為隊友。如此一來，應該就能大幅減少過去令你感到厭惡的工作總量。

當周遭都是隊友時，就可專注於只有自己能做的工作

若能夠覺得自己身邊充滿了隊友，也可以讓拒絕討厭的工作時的罪惡感降低。

因為這樣一來，就可把工作的分配者和被分配者之間的關係，巧妙地轉移成在同一專案中擔任不同角色的關係。

當然，我個人是主張為了日後著想，即使是不喜歡的工作還是要去嘗試會比較

好。但對於因能力或時間問題而無法擔下的工作，我認為拒絕是合理的，這種時候就拒絕掉即可。而在認知彼此是隊友的情況下，拒絕起來就會容易得多。

另一方面，對於適合自己的工作，或能夠發揮自身能力的任務，則應該要積極地接下。

實際上，只要總是保持真我、重視

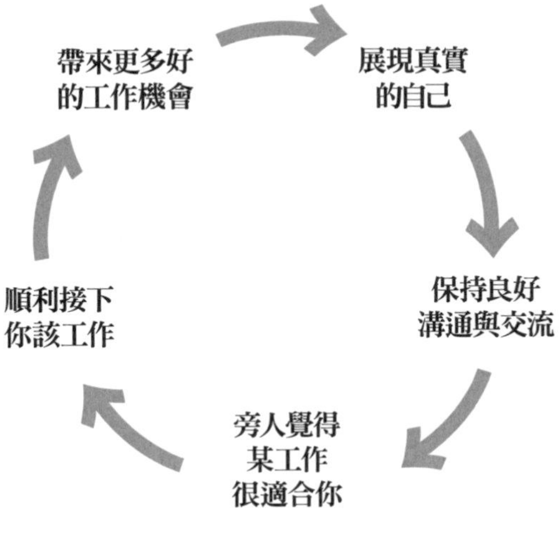

溝通交流，絕大多數來找你的都會是適合你的工作。因為會找上門來的，都是瞭解真正的你的人覺得「這似乎很適合那個人」而為你帶來的工作。這會形成一種良性循環。

也就是說，你會逐漸建立出自己的**個人品牌**。所謂的品牌塑造並不是讓自己看起來很棒，而是要讓大家認識原本的、真實的你自己。

要努力成為一個能讓他人在腦海中描繪出具體形象的人才行。

不刻意建立的自我品牌

另外，這種自我品牌即使刻意去建立，也不見得就能確立得很好。一旦刻意去經營，待品牌成形時有可能就已經過時了。因為所謂的刻意，就是作為其基礎的「種子」已經存在自己心中。

而這種自己內心的種子，多半是由過去的輸入所產生，所以往往會在某些方面大幅落後於最新的趨勢。

就這點來說，別人分配過來的工作，則是源於自己之外，亦即這顆種子是存在於社會中的。就算在被分配到工作的那一刻沒能看透種子的本質，通常也會在不久後瞭解到「原來那個工作就是這種變化的前奏啊」。所以，**回應他人的請求與未來的挑戰可以說是密切相關**。

然後在這樣每天持續致力於眼前工作的過程中，你的自我品牌便會不知不覺地自然成形。

當然，刻意塑造品牌也絕非壞事，本來換公司就是為了這個目的。只不過在新公司能培養出什麼能力那又是另一回事了。

總而言之，換公司的目的其實並不是為了培養出某些特定技能，而是為了挑戰自己還沒見識過的工作，是為了累積經驗。而這樣的經驗累積，便能讓人一步步建立出自我品牌。

若你無論如何還是討厭眼前的工作

不喜歡的工作，拒絕掉就好了。但也可以不拒絕，而是勇敢嘗試看看。這是我在面對自己不喜歡的工作時的答案。

在勇敢嘗試了那個討人厭的工作，日後往往會成為自己的助力。這是我個人的經驗談。所以，被分配到覺得「真討厭」的工作時，別立刻拒絕，請重新考慮一下，或許勇敢挑戰一下會帶來更好的結果。

但有些工作幾經考慮後，還是有可能很不喜歡。這裡所謂真正討厭的工作，是指明明有時間、有能力可以做，而且也理解其目的，但不知為何就是覺得很不想做的那種。

如果真存在這種工作，那麼在思考該工作討不討厭之前，或許你應該要先試著重新審視自己與目前所任職單位的價值觀。

一個組織會有你無論如何、不管再重新考慮幾次都討厭的工作存在，就表示你可能和該組織合不來，代表你們之間的價值觀及文化有所差異。

在這種情況下，繼續留下對彼此來說都是不幸。

”人生並沒有長到可以把時間浪費在那麼令你討厭的工作上。“

那麼該怎麼辦好呢？答案你應該已經知道了。請盡早開始做準備，好讓自己能夠有自信地跳槽換公司。

第6章的總結

其　實

- 花在自己不喜歡的工作上的時間會逐漸減少。

因　為

- 如果周遭充滿隊友，就會被自己想做的工作、喜歡的工作所圍繞。
- 瞭解對方的價值觀，隊友就會增加。

所以不要

- 把自己的價值觀強加在別人身上。

而是要

- 把非敵亦非友的人拉到自己的陣線。
- 把自己喜歡的工作擔下來，把討厭的工作拜託給別人做。

總之就是

- 魚幫水、水幫魚，工作就能持續下去。
- 最終便會確立你的自我品牌。

結語

感謝你讀完本書。

感覺如何呢？本書是否對你有所幫助？

若在閱讀本書之前和之後，你心中對「討厭的工作」的定義有產生變化，那就太好了。

此外，就如文中也曾提到過的，對於分配給自己的工作，輕易就認定它很「討厭」，連試都不試就馬上拒絕，是非常可惜的。

或許那「討厭的工作」正是應該要抓住的「幸運女神的瀏海」也說不定呢。

而且在人生的進程中，若是能結合自身累積的經驗值和自己也還無法得知的可能性，回過神來，便會發現所能夠念出的咒語數量正在持續增加。

雖說也有人會選擇刻意提升自身技能的方式，但回顧自己過去的經驗，我也驚訝地發現，覺得「那時如果沒拒絕那個工作就好了」的例子其實不少。

「邊做邊想」或者「先做了再下判斷」。

或許一切都與此態度有關。

今後的時代，喪失機會者將成為被自然淘汰的對象。

從昭和後期到平成為止，日本的環境可能太過優渥了。畢竟那時只要盲目地做著被分配到的工作便得以生存下去。

我想，對未來感到擔憂的人不在少數，但自己的人生只能靠自己搞定。這是個你們公司哪天倒閉都不奇怪的時代。到了那時，能依賴的只有你自己。

儘管我並不希望這世界變成這樣，但另一方面我真心認為「必須要做好準備」。來自出版社的「**希望您能寫一本讓讀者為新時代做好準備的書**」這句話令我產生強烈的共鳴，於是便有了本書的誕生。

若本書能為任何人帶來些許幫助，身為作者的我將無比開心。

另外，本書得以出版，真的要感謝許多人的幫助，但礙於篇幅有限無法在此逐一列出每個人的姓名，故容我藉此機會向所有為本書作出貢獻的人表達感謝之意。尤其是在撰寫期間於背後支持著我的家人和公司夥伴們，我想對他們說聲「謝謝」。還有培育了我的前東家Toyota、ＴＢＳ、埃森哲，以及眾多的客戶們，我也要在此表達謝意。

最後，誠心希望閱讀了本書的每位讀者都能獲得自己滿意的人生。

２０２３年９月

山本大平

聰明拒絕討厭工作的藝術

嫌な仕事のうまい断り方

作　　者　山本大平 Yamamoto Daihei
譯　　者　陳亦苓 Bready Chen

責任編輯　李雅蓁 Maki Lee
責任行銷　朱韻淑 Vina Ju
封面裝幀　木木Lin
版面構成　黃靖芳 Jing Huang
校　　對　許世璇 Kylie Hsu

發 行 人　林隆奮 Frank Lin
社　　長　蘇國林 Green Su

總 編 輯　葉怡慧 Carol Yeh
日文主編　許世璇 Kylie Hsu
行銷經理　朱韻淑 Vina Ju
業務處長　吳宗庭 Tim Wu
業務專員　鍾依娟 Irina Chung
業務秘書　陳曉琪 Angel Chen
　　　　　莊皓雯 Gia Chuang

發行公司　悅知文化　精誠資訊股份有限公司
地　　址　105台北市松山區復興北路99號12樓
專　　線　(02) 2719-8811
傳　　真　(02) 2719-7980
網　　址　http : //www.delightpress.com.tw
客服信箱　cs@delightpress.com.tw
I S B N　978-626-7537-29-9
建議售價　新台幣３８０元
首版一刷　２０２４年10月

國家圖書館出版品預行編目資料

聰明拒絕討厭工作的藝術／山本大平著；陳亦苓譯.
-- 一版. -- 臺北市：悅知文化精誠資訊股份有限公司,
2024.10
272面；12.8×19公分
譯自：嫌な仕事のうまい断り方
ISBN 978-626-7537-29-9(平裝)
1.CST: 職場成功法 2.CST: 自我實現 3.CST: 生活指導

494.35　　　　113014091

建議分類｜商業理財

悅知文化 Delight Press

線上讀者問卷 TAKE OUR ONLINE READER SURVEY

不喜歡的工作
拒絕掉就好了。
試著活出
你自己的人生吧！

——《聰明拒絕討厭工作的藝術》

請拿出手機掃描以下QRcode或輸入
以下網址，即可連結讀者問卷。
關於這本書的任何閱讀心得或建議，
歡迎與我們分享 ◡̈

https://bit.ly/3ioQ55B